中 等 职 业 学 校 机 电 类 规 划 教 材
ZHONGDENG ZHIYE XUEXIAO JIDIANLEI GUIHUA JIAOCAI
专业基础课程与实训课程系列

机械识图

邱丹力 主编 郭柳林 副主编
黄小云 主审

BASIC & TRAINING

人 民 邮 电 出 版 社
北 京

图书在版编目（CIP）数据

机械识图 / 邱丹力主编. -- 北京 : 人民邮电出版社, 2010.6（2016.8 重印）
中等职业学校机电类规划教材. 专业基础课程与实训课程系列
ISBN 978-7-115-22601-3

Ⅰ. ①机… Ⅱ. ①邱… Ⅲ. ①机械图－识图法－专业学校－教材 Ⅳ. ①TH126.1

中国版本图书馆CIP数据核字(2010)第056684号

内容提要

本书是以国家有关职业标准为理论依据，结合岗位对非机械类专业机械制图的识、读图能力，绘图能力的要求精心编写的。本书主要内容包括识图的基础知识、投影与视图、机件形状常用的表达方法、标准件和常用件的识读、零件图、装配图。

本书可作为中等职业学校非机械类专业机械识图课程教材，也可作为自学爱好者参考用书。

中等职业学校机电类规划教材
专业基础课程与实训课程系列
机械识图

◆ 主　　编　邱丹力
副 主 编　郭柳林
主　　审　黄小云
责任编辑　李海涛

◆ 人民邮电出版社出版发行　　北京市丰台区成寿寺路 11 号
邮编　100164　　电子邮件　315@ptpress.com.cn
网址　http://www.ptpress.com.cn
北京天宇星印刷厂印刷

◆ 开本：787×1092　1/16
印张：8.75　　2010 年 6 月第 1 版
字数：207 千字　　2016 年 8 月北京第 6 次印刷

ISBN 978-7-115-22601-3

定价：18.00 元

读者服务热线：（010）81055256　印装质量热线：（010）81055316
反盗版热线：（010）81055315

中等职业学校机电类规划教材

专业基础课程与实训课程系列教材编委会

丛书前言

我国加入 WTO 以后，国内机械加工行业和电子技术行业得到快速发展。国内机电技术的革新和产业结构的调整成为一种发展趋势。因此，近年来企业对机电人才的需求量逐年上升，对技术工人的专业知识和操作技能也提出了更高的要求。相应地，为满足机电行业对人才的需求，中等职业学校机电类专业的招生规模在不断扩大，教学内容和教学方法也在不断调整。

为了适应机电行业快速发展和中等职业学校机电专业教学改革对教材的需要，我们在全国机电行业和职业教育发展较好的地区进行了广泛调研；以培养技能型人才为出发点，以各地中职教育教研成果为参考，以中职教学需求和教学一线的骨干教师对教材建设的要求为标准，经过充分研讨与精心规划，对《中等职业学校机电类规划教材》进行了改版，改版后的教材包括 6 个系列，分别为《专业基础课程与实训课程系列》、《数控技术应用专业系列》、《模具制造技术专业系列》、《计算机辅助设计与制造系列》、《电子技术应用专业系统》和《机电技术应用专业系列》。

本套教材力求体现国家倡导的“以就业为导向，以能力为本位”的精神，结合职业技能鉴定和中等职业学校双证书的需求，精简整合理论课程，注重实训教学，强化上岗前培训；教材内容统筹规划，合理安排知识点、技能点，避免重复；教学形式生动活泼，以符合中等职业学校学生的认知规律。

本套教材广泛参考了各地中等职业学校的教学计划，面向优秀教师征集编写大纲，并在国内机电行业较发达的地区邀请专家对大纲进行了多次评议及反复论证，尽可能使教材的知识结构和编写方式符合当前中等职业学校机电专业教学的要求。

在作者的选择上，充分考虑了教学和就业的实际需要，邀请活跃在各重点学校教学一线的“双师型”专业骨干教师作为主编。他们具有深厚的教学功底，同时具有实际生产操作的丰富经验，能够准确把握中等职业学校机电专业人才培养的客观需求；他们具有丰富的教材编写经验，能够将中职教学的规律和学生理解知识、掌握技能的特点充分体现在教材中。

为了方便教学，我们免费为选用本套教材的老师提供教学辅助光盘，光盘的内容为教材的习题答案、模拟试卷和电子教案（电子教案为教学提纲与书中重要的图表，以及不便在书中描述的技能要领与实训效果）等教学相关资料，部分教材还配有便于学生理解和操作演练的多媒体课件，以求尽量为教学中的各个环节提供便利。

我们衷心希望本套教材的出版能促进目前中等职业学校的教学工作，并希望能得到职业教育专家和广大师生的批评与指正，以期通过逐步调整、完善和补充，使之更符合中职教学实际。

欢迎广大读者来电来函。

电子函件地址：lihaitao@ptpress.com.cn, liushengping@ptpress.com.cn

读者服务热线：010-67143761，67132792，67184065

前言

随着中等职业教育教学改革的深入，理论教学的教学时数在不断压缩，而非机械类专业对制图知识的要求却没有太大的改变。为了适应新的教学形势，本书是以国家有关职业标准为理论依据，结合岗位对非机械类专业机械制图的识、读图能力，绘图能力的要求精心编写的。在保证制图知识相对系统性的基础上，力求简明扼要，把握重点，删去了专业性较强的零部件制图内容，使非机械类专业的学生用较少的学时掌握机械识图最重要、最基本的知识。

本书分为 6 部分，分别为识图的基础知识、投影与视图、机件形状常用的表达方法、标准件和常用件的识读、零件图和装配图。

本书具有以下特点。

1. 在学时较少的情况下，着力培养非机械类专业学生的识图和简单绘图的能力。本书的内容由浅入深，删繁就简，努力体现教学内容的“实用性”、“够用性”。

2. 本书在文字叙述上力求简单通俗，在形式上尽量图文并茂，用投影图和立体图对照的表现手法，以加强学生对内容的理解，帮助学生提高空间想象力。

3. 每节后面附有“随堂训练”环节，以利于学生对各部分知识的概括理解，有利于学生牢固掌握所学知识。

本课程以 60 课时左右为宜，教师可根据实际需要进行适当调整。

本书可作为少学时非机械类专业的机械识图课程教材及从事机械加工的技术工人的入门用书。

本书由邱丹力任主编，郭柳林任副主编，黄小云任主审。其中周天红编写第一章和第五章，邱丹力编写第二章，郭柳林编写第三章和第四章，刘钧杰编写第六章。

由于编者水平有限，书中难免存在错误和不妥之处，恳请广大读者批评指正。

编者

2010 年 3 月

目 录

第一章 识图的基础知识

第一节 机械图样的基本规定

一、机械制图的作用

图样是工程语言，用于表达物体的形状、尺寸及其技术要求。无论是设计者还是加工者，他们都要掌握绘图及识读图样的要领。设计者通过图样向加工者表达设计意图及制作要求，加工者通过识读图样才能制造出符合要求的产品，使用者通过图样去了解机器的结构和原理，以便于正确操作及维修保养。机器和机器中的零件都是依照图样进行制造或加工的。由此可见，在生产活动中的各个环节都离不开图样，不懂得图样就寸步难行。

二、国家标准的基本规定

为了适应现代化生产、管理的需要和便于技术交流，我国制定发布了一系列国家标准，简称“国标”，代号“GB”。

（一）图纸幅面和格式（GB/T 14689—2008）

1. 图纸幅面

图纸幅面指的是图纸宽度与长度组成的图面。绘制技术图样时应优先采用表 1-1 所规定的基本幅面 $B \times L$。

表 1-1　图纸幅面及图框格式尺寸（单位 mm）

幅面代号		A0	A1	A2	A3	A4
尺寸 $B \times L$		841 × 1189	594 × 841	420 × 594	297 × 420	210 × 297
边框	a	25				
	c	10		5		
	e	20		10		

2. 图框格式

图纸上限定绘图区域的线框称为图框。在图纸上必须用粗实线画出图框，其格式分为不留装订边和留装订边两种，如图 1-1 所示。

3. 标题栏

标题栏有两种，零件图标题栏和装配图标题栏。标题栏应位于图纸右下角。标题栏是由名称及代号区、签字区和其他区组成的，其格式和尺寸由 GB/T 10609.1—2008 规定，如图 1-2 所示。

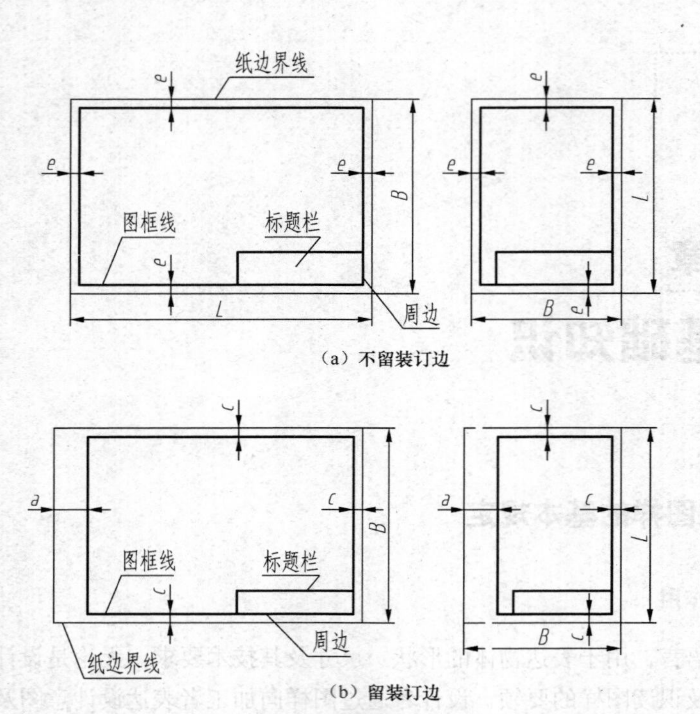

（a）不留装订边

（b）留装订边

图 1-1　图纸格式

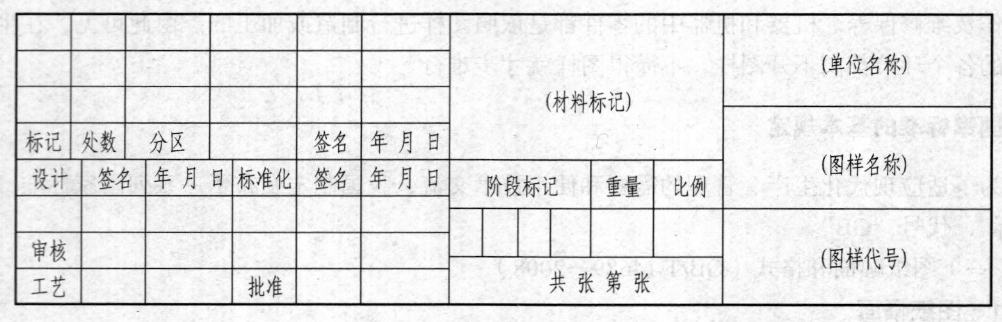

（a）零件图标题栏

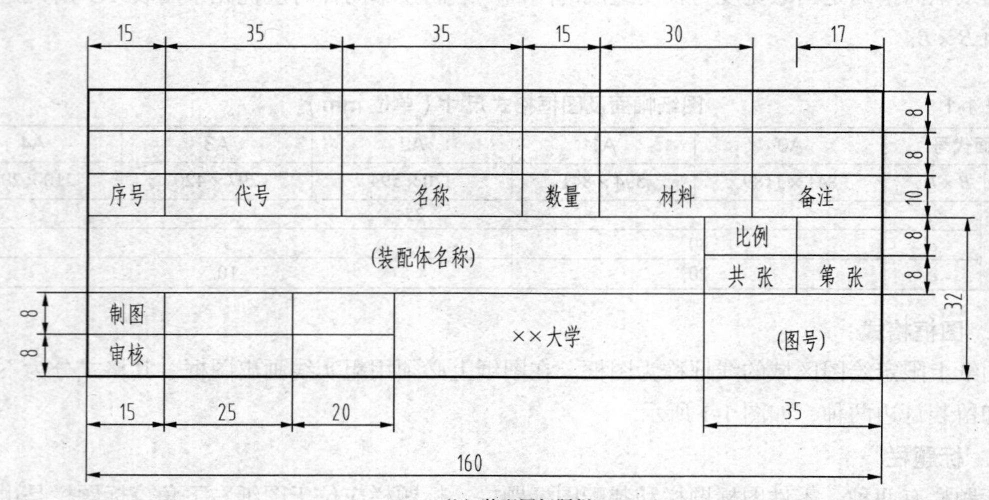

（b）装配图标题栏

图 1-2　标题栏格式

（二）比例（GB/T 14690—1993）

比例是指图形与实物相应要素的线性尺寸之比。

比例分为 3 种。

（1）放大比例：图形比实物大，如 2：1， 3：1 等。

（2）缩小比例：图形比实物小，如 1：2， 1：3 等。

（3）与实物相同：图形与实物一样大， 写成 1：1。

为方便加工，零件图尽可能采用 1：1 的比例。

不论采用缩小还是放大的比例绘图，图样上标注出的尺寸均为机件实际大小，与绘图比例无关。图 1-3 所示为用不同比例画出的同一图形。

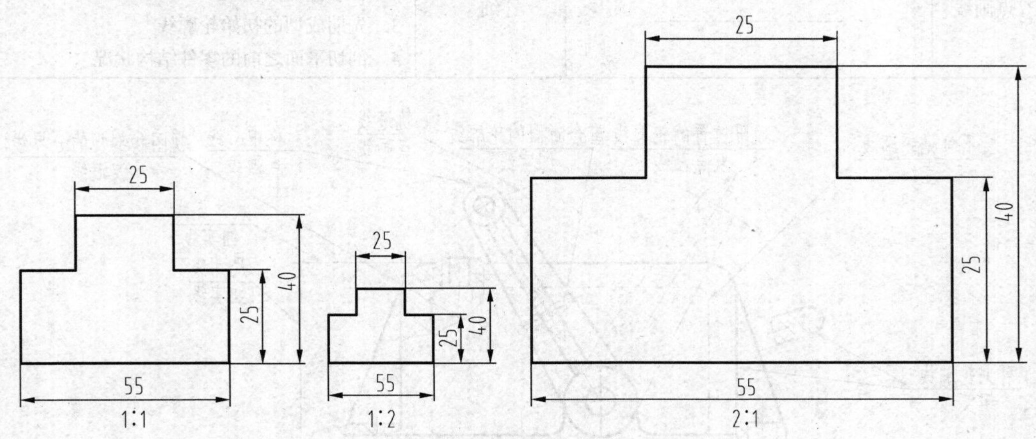

图 1-3 用不同比例画出的同一图形

（三）图线（GB/T 17450—1998、GB/T 4457.4—2002）

绘制图线时应采用国家标准规定的图线线型和画法，国家标准中的图线，其名称、线型及应用示例如表 1-2 和图 1-4 所示。

机械制图中通常采用两种线型，即粗线和细线。其粗细线比率为 2：1，粗线宽度优先选用 0.5 ~ 0.7mm，粗、细线用于表达不同的图线，如表 1-2 所示。

表 1-2 图线的应用

图线名称	图 线 型 式	图线宽度	图线主要应用举例
粗实线		粗	1. 可见的棱边 2. 可见的轮廓线 3. 视图上的铸件分型线
细波浪线		细	1. 断裂处的边界线 2. 视图与剖视的分界线
细双折线		细	断裂处的边界线
细实线		细	1. 相贯线 2. 尺寸线和尺寸界线 3. 剖面线 4. 重合断面的轮廓线 5. 投射线
细虚线		细	1. 不可见棱边 2. 不可见轮廓线

续表

图线名称	图线型式	图线宽度	图线主要应用举例
粗虚线	—— —— —— —— ——	粗	允许表面处理的表示线
粗点画线	———·———·———	粗	1. 限定范围的表示，例如热处理 2. 剖切平面线 3. 剖视图中铸件分型线
细点画线	——·————·——	细	1. 中心线 2. 对称中心线 3. 轨迹线
细双点画线	———··———··———	细	1. 相邻零件的轮廓线 2. 移动件的限位线 3. 先期成型的初始轮廓线 4. 剖切平面之前的零件结构状况

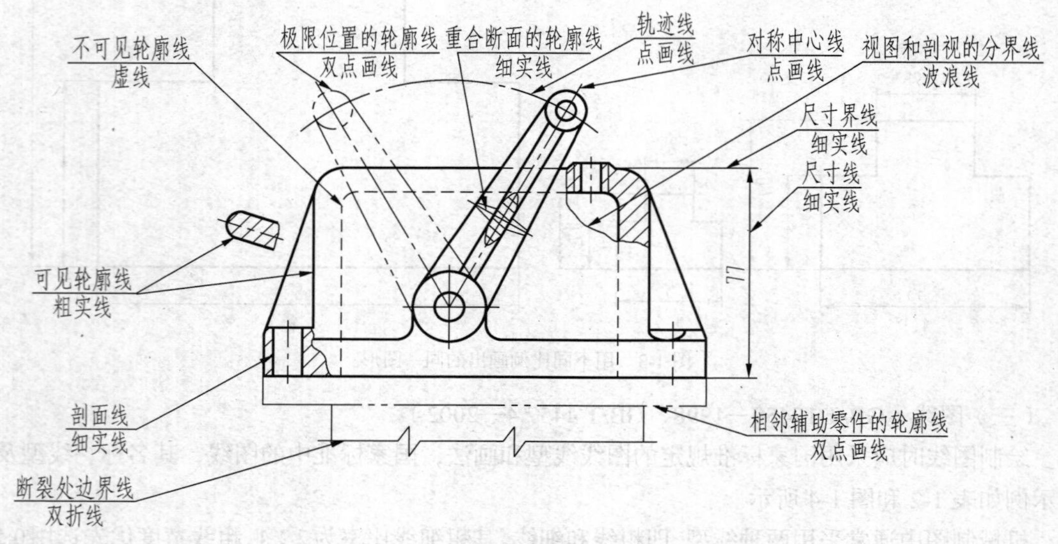

图 1-4　图线应用示例

（四）字体（GB/T14691—1993）

1. 字体的基本要求

（1）书写字体必须做到：字体工整、笔画清楚、间隔均匀，排列整齐。

（2）字体高度用 h 表示。不同高度的字体以不同号数表示。如 5mm 高的字体称为 5 号字。

（3）汉字应写成长仿宋体字，汉字最小字号≥3.5mm，其高宽之比为 3：2

汉字书写的要点为：横平竖直，注意起落，结构均匀，填满方格。

2. 长仿宋体汉字示例

10 号字

字体工整　笔画清楚　间隔均匀　排列整齐

7 号字

横平竖直注意起落结构均匀填满方格

5 号字

技术制图机械电子汽车航空船舶土木建筑矿山井坑港口纺织服装

3.5 号字

螺纹齿轮端子接线飞行指导驾驶舱位挖填施工引水通风闸阀坝棉麻化纤

3. 数字和字母部分写法样式

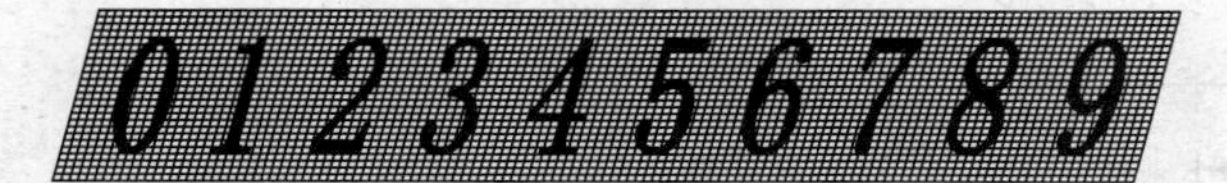

I II III IV V VI VII VIII IX X

ABCDEFGHIJKLMN

OPQRSTUVWXYZ

（五）尺寸标注

1. 尺寸标注的基本原则

（1）机件的真实大小应以图样上所注的尺寸数值为依据，与图形的大小及绘图的准确度无关。

（2）图样中的尺寸以 mm 为单位时，不需标注，如采用其他单位明则需要说明。

（3）图样中所标注的尺寸，为该机件的最后完工尺寸，否则应另附说明。

（4）机件的每一尺寸，一般只标注一次，并应标注在反映该结构最清晰的图形上。

（5）标注尺寸时，应尽可能使用符号或缩写词，常用的符号和缩写词如表 1-3 所示。

表 1-3　　常用的符号和缩写词

含　义	符号或缩写词	含　义	符号或缩写词
直径	ϕ	深度	↧
半径	R	沉孔或锪平	⌴
球直径	$S\phi$	埋头孔	∨
球半径	SR	弧长	⌒
厚度	t	斜度	∠
均布	EQS	锥度	◁
45° 倒角	C	展开长	○→
正方形	□	型材截面形状	（按 GB/T 4656.1—2000）

2. 尺寸的组成

一个完整的尺寸由尺寸界线、尺寸线（含箭头）和尺寸数字 3 个要素组成，如图 1-5 所示。

（1）尺寸界线。尺寸界线表示所注尺寸的起始和终止位置，用细实线绘制，并应从图形的轮廓线、轴线或对称中心线引出；也可以直接利用轮廓、轴线或对称中心线作为尺寸界线。尺寸界线一般应与尺寸线垂直，并超出尺寸线 3～5mm。

（2）尺寸线。尺寸线用细实线绘制，应平行于被标注的线段，相同方向的各尺寸线之间的间隔为 6～10mm。尺寸线一般不能用图形上的其他图线代替，也不能与其他图线重合或画在其延长线上，并应尽量避免与其他的尺寸线或尺寸界线相交。

箭头的画法如图 1-6 所示，长度大于 5mm，箭头尾部宽取粗实线宽，通常取 1mm。当没有足够的位置画箭头时，可用小圆点代替，如图 1-6（b）所示。

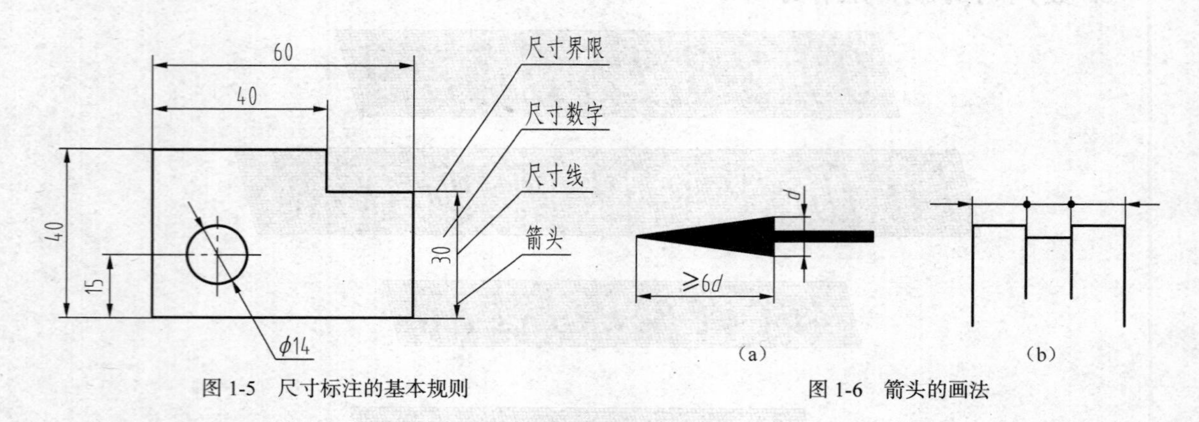

图 1-5　尺寸标注的基本规则

图 1-6　箭头的画法

（3）尺寸数字的注写方法。

尺寸标注示例如表 1-4 所示。

表 1-4　尺寸标注示例

项目	说　明	图　例
尺寸数字	1. 线性尺寸的数字应按图（a）所示的方向填写，并尽量避免在图示 30° 范围内标注尺寸。竖直方向尺寸数字也可按图（b）形式标注	30°　16　16　16　16　16　16　16　16　(a)　16　16　(b)
	2. 数字不可被任何图线所遇过。当不可避免时，图线必须断开	φ40　轮廓线断开　中心线断开　φ25　剖面线断开　10　30　φ15
小尺寸的注法	1. 标注一连串的小尺寸时，可用小圆点代替箭头，但最外两端箭头仍应画出 2. 小尺寸可按右图标注	5 3 5　5 3 5　4　4　2　2　2

续表

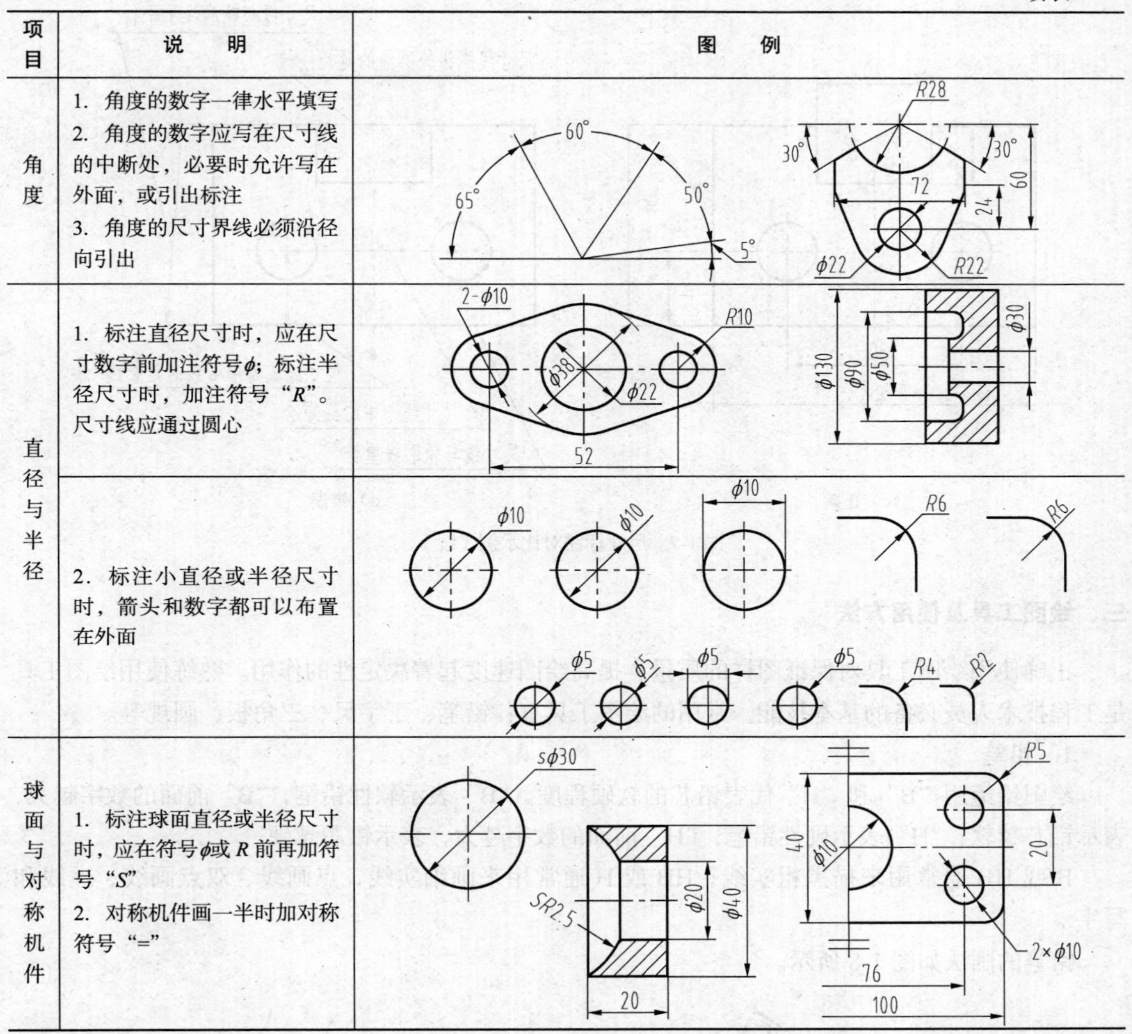

项目	说　明	图　例
角度	1. 角度的数字一律水平填写 2. 角度的数字应写在尺寸线的中断处，必要时允许写在外面，或引出标注 3. 角度的尺寸界线必须沿径向引出	
直径与半径	1. 标注直径尺寸时，应在尺寸数字前加注符号ϕ；标注半径尺寸时，加注符号“*R*”。尺寸线应通过圆心	
	2. 标注小直径或半径尺寸时，箭头和数字都可以布置在外面	
球面与对称机件	1. 标注球面直径或半径尺寸时，应在符号ϕ或 *R* 前再加符号“*S*” 2. 对称机件画一半时加对称符号“=”	

标注尺寸时必须符合上述各项规定，图 1-7 所示为同一平面图形的尺寸标注示例，注意正确与不正确尺寸标注的比较。

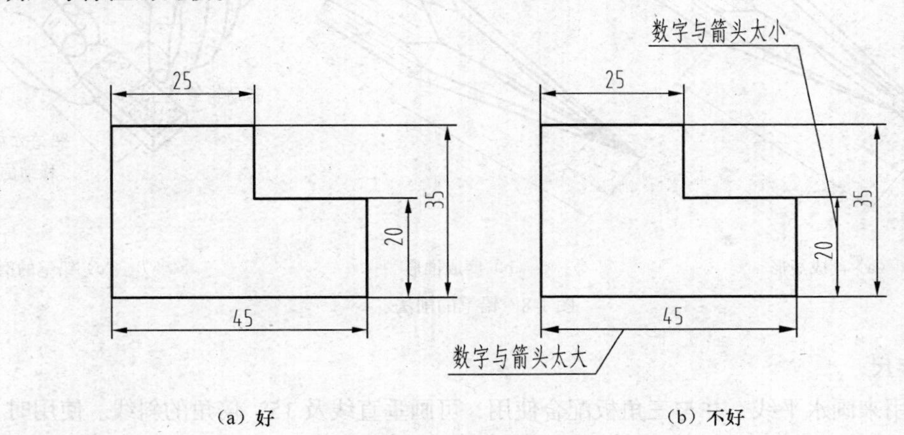

(a) 好　　(b) 不好

图 1-7　尺寸标注对比示例

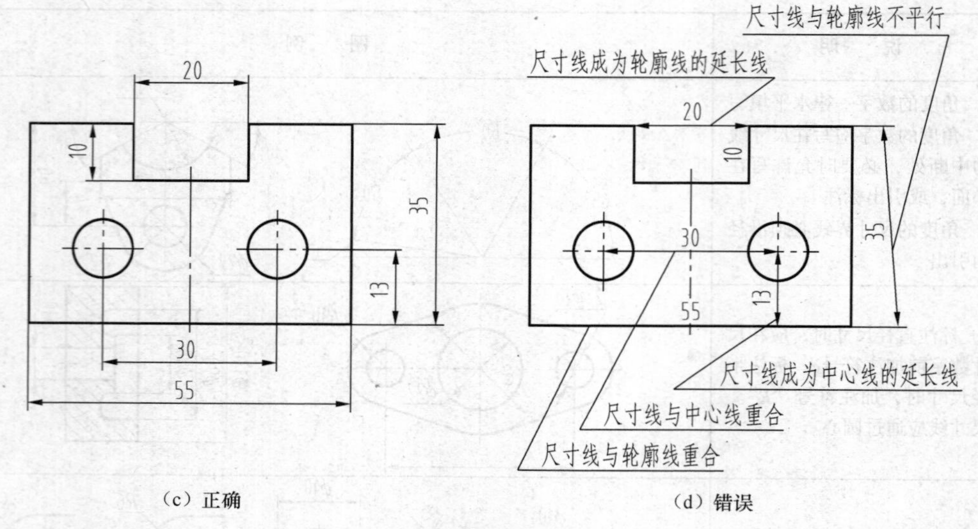

（c）正确　　（d）错误

图 1-7　尺寸标注对比示例（续）

三、绘图工具及使用方法

正确使用绘图工具对保证图样的质量、提高绘图速度起着决定性的作用。熟练使用绘图工具是工程技术人员必备的基本技能，常用的绘图工具有：铅笔、丁字尺、三角板、圆规等。

1. 铅笔

绘图铅笔用“B”和“H”代表铅芯的软硬程度。“B”表示软性铅笔，“B”前面的数字越大，表示铅芯越软；“H”表示硬性铅笔，“H”前面的数字越大，表示铅芯越硬。

B 或 HB 通常用来描黑粗实线；HB 或 H 通常用来画细实线，点画线、双点画线、虚线和写字。

铅笔的削法如图 1-8 所示。

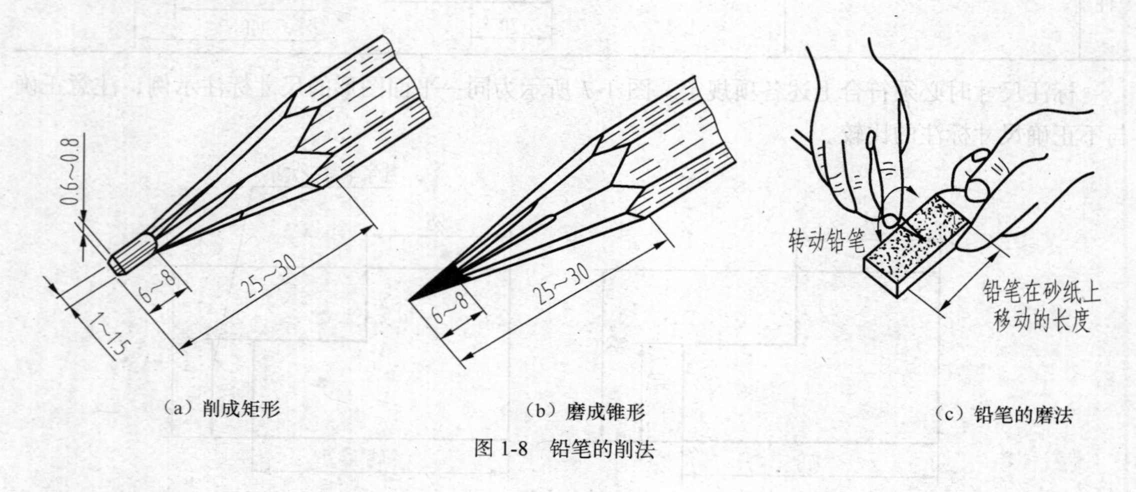

（a）削成矩形　　（b）磨成锥形　　（c）铅笔的磨法

图 1-8　铅笔的削法

2. 丁字尺

丁字尺用来画水平线，并与三角板配合使用，可画垂直线及 15° 倍角的斜线。使用时，丁字尺头部要紧靠图板左边，然后用丁字尺尺身的上边画线，如图 1-9 所示。

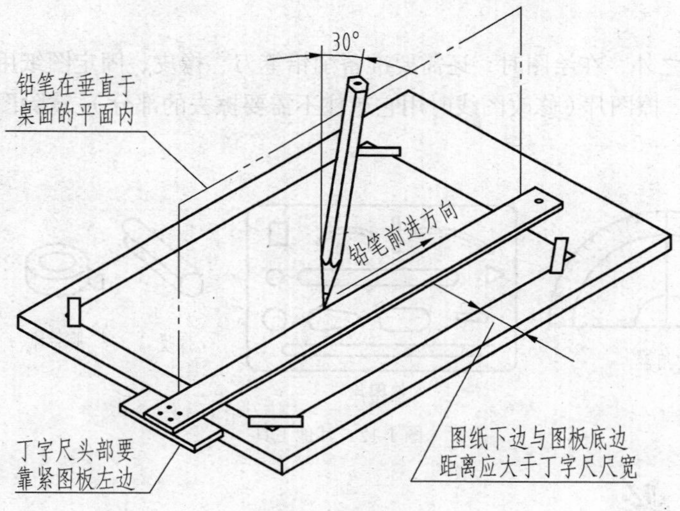

图 1-9 图板和丁字尺

3. 三角板

三角板分 45° 和 30° 两块，可配合丁字尺画垂直线及 15° 倍角的斜线，或用两块三角板配合画任意角度的平行线，如图 1-10 所示。

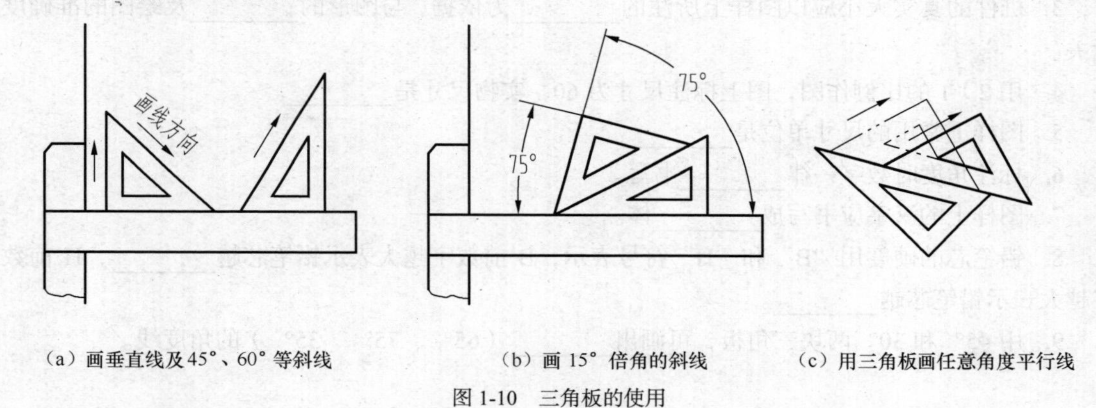

（a）画垂直线及45°、60° 等斜线　（b）画 15° 倍角的斜线　（c）用三角板画任意角度平行线

图 1-10 三角板的使用

4. 圆规

画圆或描黑时，圆规的针脚和铅笔脚均应保持与纸面垂直；当画大圆时，可用加长杆来扩大所画圆的半径；在画圆时，应当匀速前进，并注意用力均匀，其用法如图 1-11 所示。

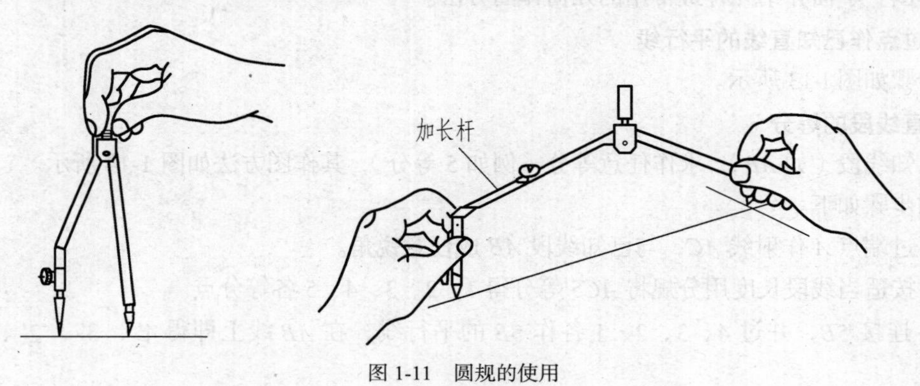

图 1-11 圆规的使用

5. 其他工具

除了上述工具之外，在绘图时，还需要准备削铅笔刀、橡皮、固定图纸用的塑料透明胶纸、测量角度的量角器、擦图片（修改图线时用它遮住不需要擦去的部分）、清除图面上橡皮屑的小刷等，如图 1-12 所示 。

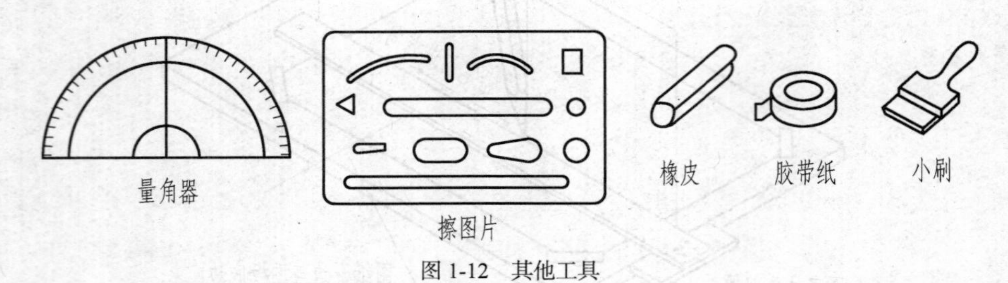

图 1-12　其他工具

随堂训练 

1. 能准确地表达物体的________、________及其技术要求的图统称为图样。

2. 图样是工程界的________，在________活动中的各个环节都离不开图样。

3. 机件的真实大小应以图样上所注的________为依据，与图形的________及绘图的准确度无关。

4. 用 2：1 的比例作图，图上标注尺寸为 60，实物尺寸是________。

5. 图样上常用的尺寸单位是________。

6. 标注角度时数字一律________书写。

7. 图样上的汉字应书写成________体。

8. 铅笔芯的硬度用“B”和“H”符号表示，B 前数字越大表示铅笔芯越________，H 前数字越大表示铅笔芯越________。

9. 用 45° 和 30° 两块三角板，可画出________（65° 、75° 、35° ）的角度线。

第二节　几何作图基础

机件的轮廓形状基本上都是由直线、圆弧和一些其他曲线组成的几何图形，绘制几何图形称为几何作图。下面介绍几种最常用的几何作图方法。

1. 过点作已知直线的平行线

其步骤如图 1-13 所示。

2. 直线段的等分

对已知线段（如 AB），求作任意等分（例如 5 等分），其作图方法如图 1-14 所示。

作图步骤如下。

（1）过端点 A 作射线 AC，与已知线段 AB 成任意锐角。

（2）按适当线段长度用分规将 AC5 等分得 1、2、3、4、5 各等分点。

（3）连接 $5B$，并过 4、3、2、1 各作 $5B$ 的平行线，在 AB 线上即得 4′ 、3′ 、2′ 、1′ 各等分点。

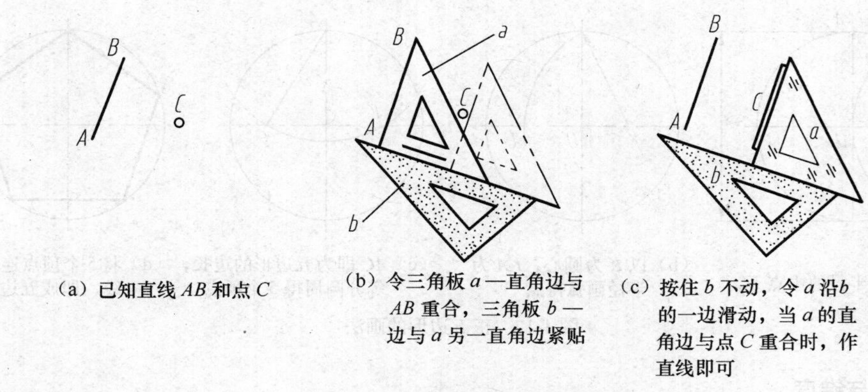

（a）已知直线 *AB* 和点 *C*　（b）令三角板 *a* 一直角边与 *AB* 重合，三角板 *b* 一边与 *a* 另一直角边紧贴　（c）按住 *b* 不动，令 *a* 沿 *b* 的一边滑动，当 *a* 的直角边与点 *C* 重合时，作直线即可

图 1-13　过点作直线与已知直线平行

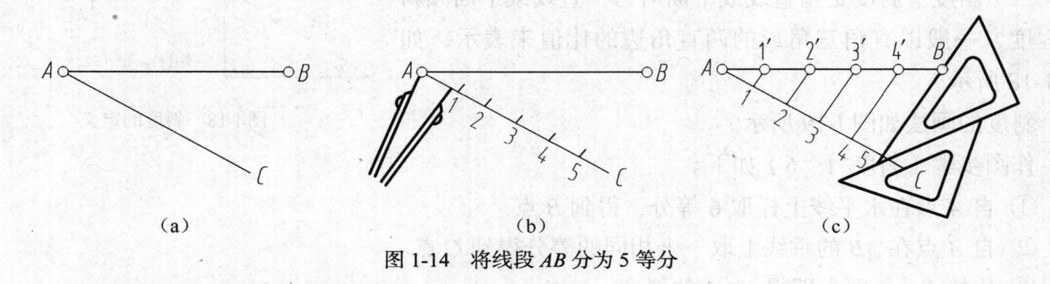

（a）　（b）　（c）

图 1-14　将线段 *AB* 分为 5 等分

3. 圆的等分及正多边形的画法

（1）作圆内接正六边形。利用丁字尺和 60° 三角板画出正六边形，作图过程如图 1-15 所示。

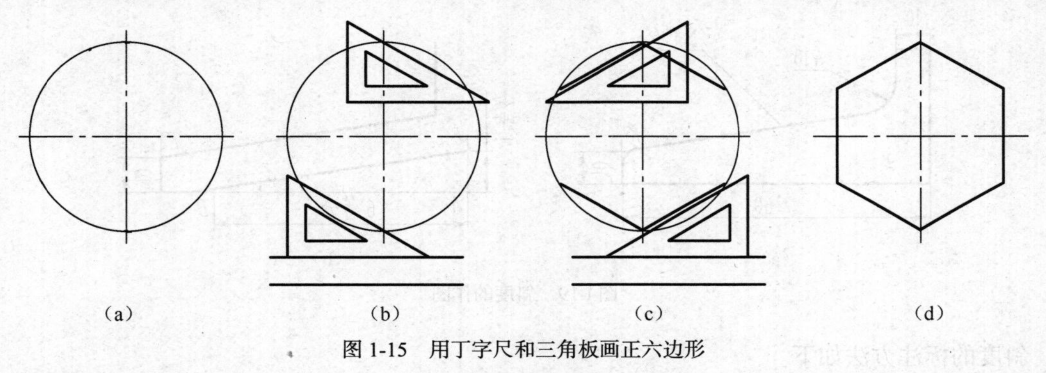

（a）　（b）　（c）　（d）

图 1-15　用丁字尺和三角板画正六边形

利用正六边形的边长等于外接圆半径的原理，用圆规直接找到正六边形的 6 个顶点，作图过程如图 1-16 所示。

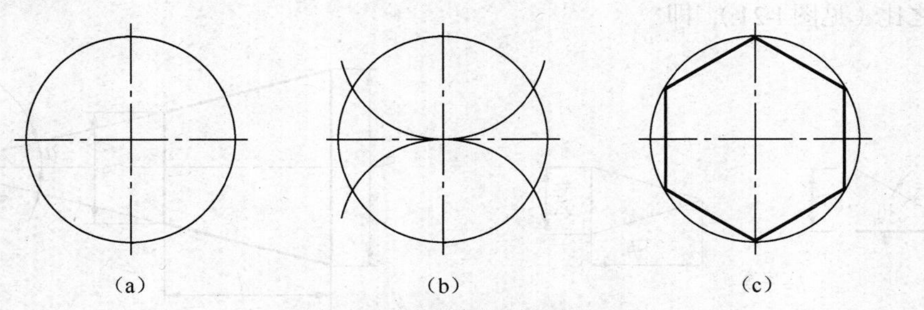

（a）　（b）　（c）

图 1-16　用圆规画正六边形

（2）作圆的内接正五边形。已知外接圆直径，求作正五边形，其作图步骤如图 1-17 所示。

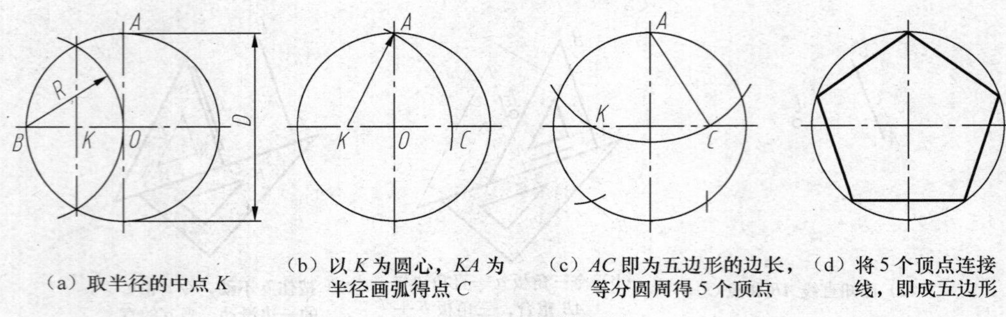

图 1-17　正五边形的画法

4. 斜度与锥度

（1）斜度。斜度是指直线或平面对另一直线或平面倾斜的程度，一般以直角三角形的两直角边的比值来表示，如图 1-18 所示。

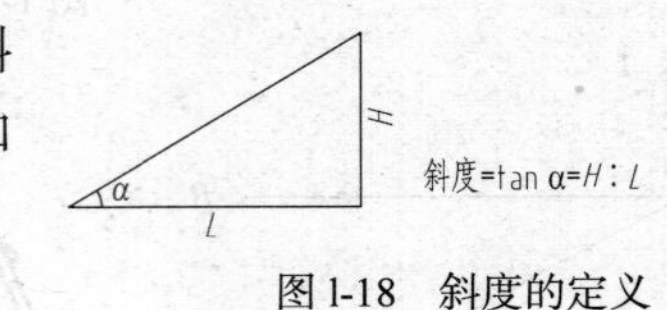

图 l-18　斜度的定义

斜度的画法如图 l-19 所示。

作图步骤（斜度 1∶6）如下。

① 自 *A* 点在水平线上任取 6 等分，得到 *B* 点。

② 自 *A* 点在 *AB* 的垂线上取一个相同的等分得到 *C* 点。

③ 连接 *B*、*C* 两点即得 1∶6 的斜度。

④ 过 *K* 点作 *BC* 的平行线，即得到 1∶6 的斜度线。

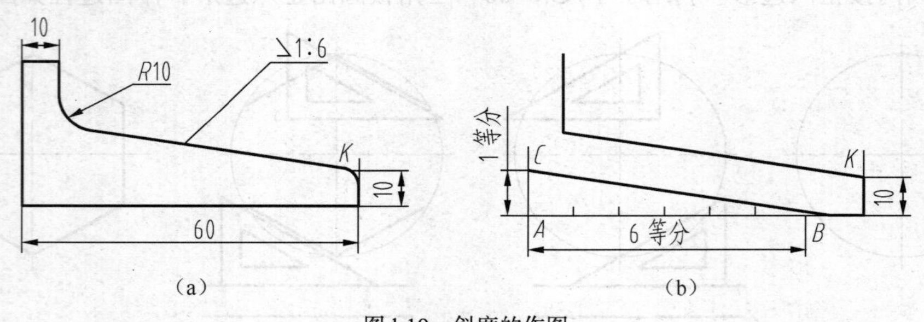

图 l-19　斜度的作图

斜度的标注方法如下。

标注时符号的方向应与斜度的方向一致。图形符号画法如图 1-20（a）所示。

（2）锥度。锥度是指圆锥的底圆直径与高度之比。如果是圆台，则为底圆直径与顶圆直径之差与高度之比（见图 l-21），即

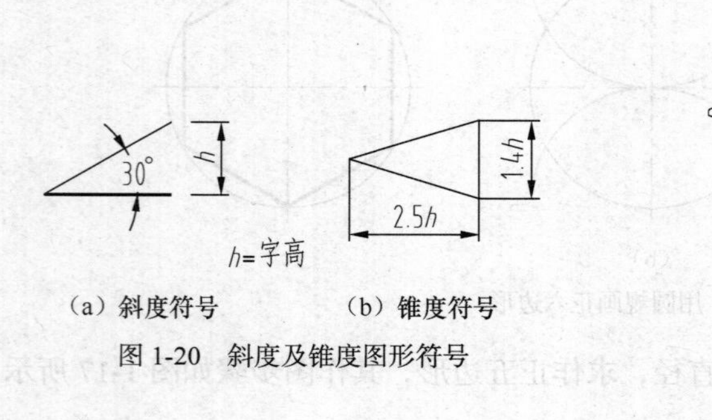

图 1-20　斜度及锥度图形符号

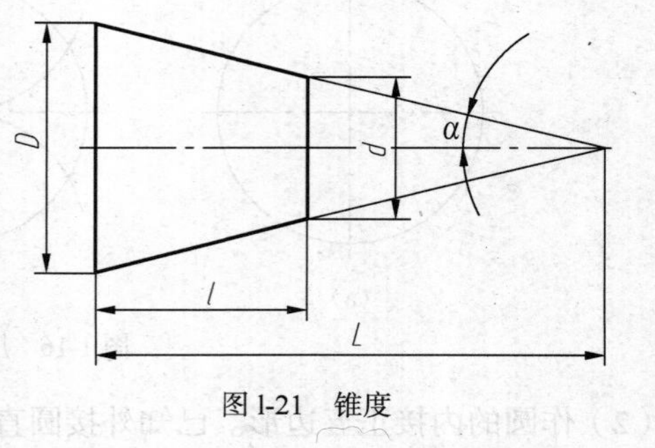

图 l-21　锥度

$$锥度=\frac{D}{L}=\frac{D-d}{l}=2\tan\alpha$$

锥度的作图步骤如图 1-22 所示。

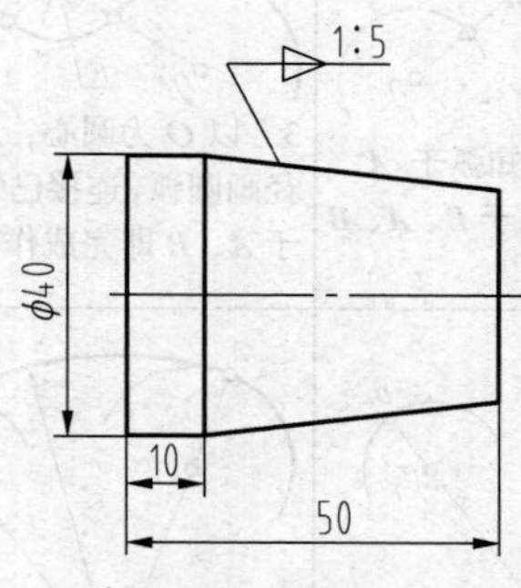

（a）求作如图所示的图形

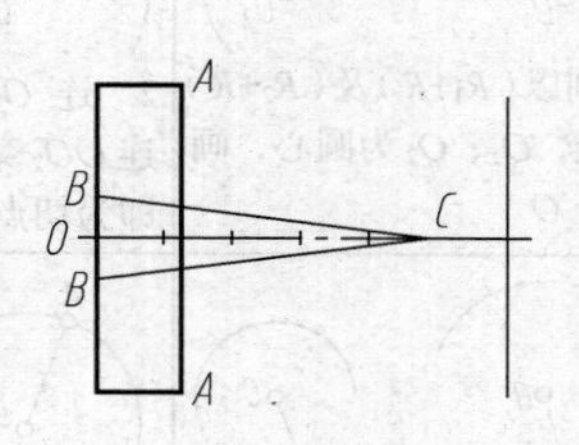

（b）从点 O 开始任取 5 单位长度，得点 C，在左端面上取直径为 1 单位长度，得点 B，边 BC，即得锥度为 1:5 的圆锥

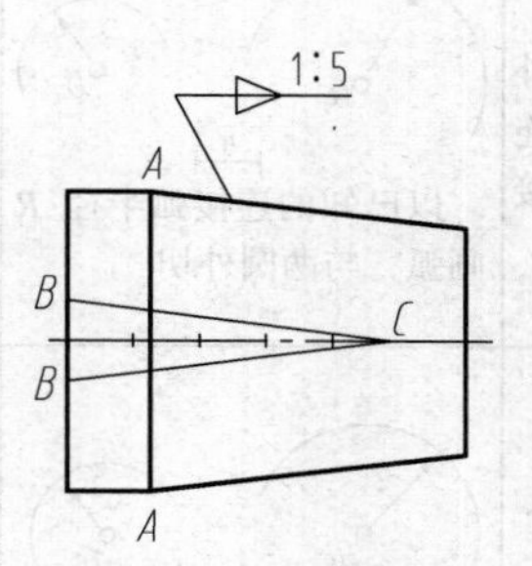

（c）过点 A 作线 BC 的平行线，即完成作图

图 1-22 锥度的作图

5. 圆弧连接（见表 1–5、表 1–6）

表 1-5 两直线间的圆弧连接

类别	用圆弧连接锐角或钝角的两边	用圆弧连接直角的两边
图例		
作图步骤	1. 作与已知角两边分别相距为 R 的平行线，交点 O 即为连接弧圆心 2. 自 O 点分别向已知角两边作垂线，垂足 M、N 即为切点 3. 以 O 为圆心，R 为半径在两切点 M、N 之间画连接圆弧即为所求	1. 以角顶为圆心，R 为半径画弧，交直角两边于 M、N 2. 以 M、N 为圆心，R 为半径画弧，相交得连接弧圆心 O 3. 以 O 为圆心，R 为半径在 M、N 间画连接圆弧即为所求

表 1-6 直线和圆弧、圆弧和圆弧的连接

名称	已知条件和作图要求	作图步骤		
直线和圆弧间的圆弧连接	以已知的连接弧半径 R 画弧，与直线Ⅰ和 O_1 圆相外切	1. 作直线Ⅱ平行于直线Ⅰ（其间距离为 R）；再作已知圆弧的同心圆（半径为 R_1+R）与直线Ⅱ相交于 O	2. 作 OA 垂直于直线Ⅰ；连 OO_1 交已知圆弧于 B、A、B 即为切点	3. 以 O 为圆心，R 为半径画圆弧，连接直线Ⅰ和圆弧 O_1 于 A、B 即完成作图

续表

名称		已知条件和作图要求	作图步骤		
两圆弧间的圆弧连接	外连接	以已知的连接弧半径 R 画弧，与两圆外切	1. 分别以（R_1+R）及（R_2+R）为半径，O_1、O_2为圆心，画弧交于O	2. 连 OO_1 交已知弧于 A，连 OO_2 交已知弧于 B、A、B 即为切点	3. 以 O 为圆心，R 为半径画圆弧，连接已知圆弧于 A、B 即完成作图
	内连接	以已知连接弧半径 R 画弧，与两圆外切	1. 分别以（R−R_1）和（R−R_2）为半径，O_1 和 O_2 为圆心，圆弧交于 O	2. 连 OO_1、OO_2 并延长，分别交已知弧于 A、B，A、B 即为切点	3. 以 O 圆心，R 为半径画圆弧，连接两已知弧于 A、B 即完成作图
	混合连接	以已知连接弧半径 R 画弧，与 O_1 圆外切，与 O_2 圆内切	1. 分别以（R_1+R）和（R_2−R）为半径，O_1、O_2 为圆心，画弧交于 O	2. 连 OO_1 交已知弧于 A；连 OO_2 并延长交已知弧于 B，A、B 即为切点	3. 以 O 为圆心，R 为半径画圆弧，连接两已知弧于 A、B 即完成作图

随堂训练

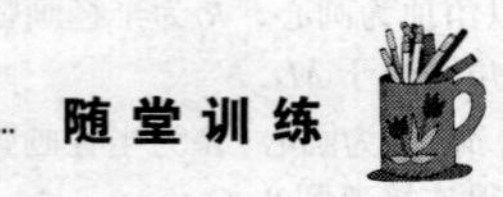

1. 一直线对另一直线的倾斜程度称为________，而正圆锥底圆直径与其高度之比称为________。
2. 作直径为 30 的圆的三等分、五等分、六等分。
3. 按 1∶1 比例抄画下图，不标注尺寸。

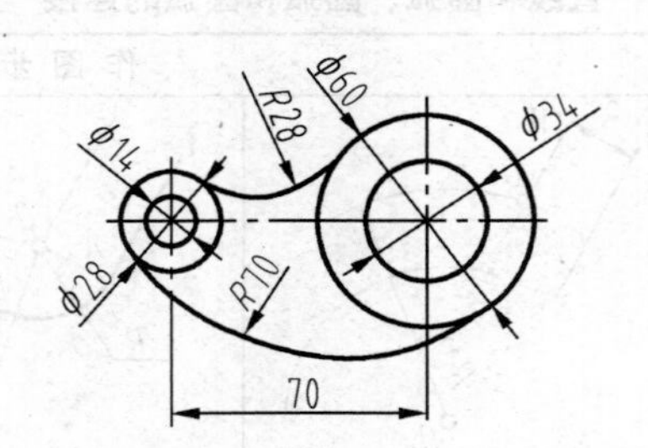

第二章

投影与视图

第一节　正投影及三视图

一、投影法概述

物体在光线照射下，在地面或墙面上会产生影子，人们对这种自然现象加以抽象研究，总结其中规律，创造了投影法。

所谓投影法，就是投射线通过物体，向选定平面进行投影，并在该平面上得到物体图形的方法。根据投影所得到的图形，称为投影图。

投影法中，得到投影的平面，称为投影面。

二、投影法分类

投影法可分为中心投影法和平行投影法两种类型。

1. 中心投影法

投影线汇交于投射中心的投影法是中心投影法。如图 2-1 所示，设 *S* 为投影中心，*SA*、*SB*、*SC* 为投射线，平面 *P* 为投影面。延长 *SA*、*SB*、*SC* 与投影面 *P* 相交，交点 *a*、*b*、*c* 即为三角形顶点 *A*、*B*、*C* 在 *P* 面上的投影。日常生活中的照相、放映电影都是中心投影的实例。透视图就是运用中心投影原理绘制的，与人的视觉习惯相符，能体现物体近大远小的效果，形象逼真，具有强烈的立体感，广泛用于绘制建筑、机械产品等效果图。

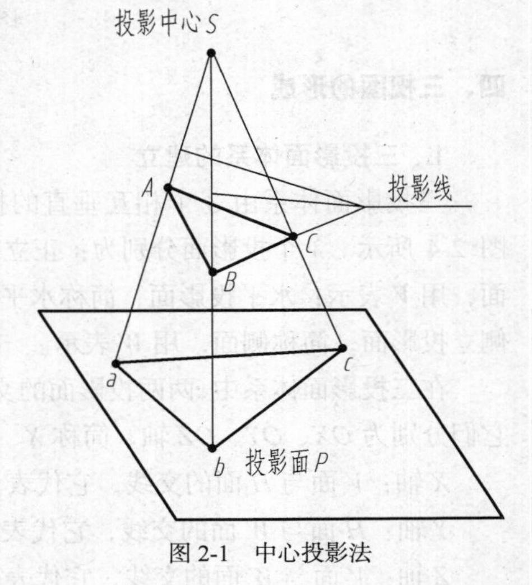

图 2-1　中心投影法

2. 平行投影法

投射线互相平行的投影方法称为平行投影法。按投射线与投影面倾斜或垂直，又将平行投影法分为斜投影法和正投影法两种。

（1）斜投影法。投射线与投影面倾斜的平行投影法，如图 2-2（a）所示。

（2）正投影法。投射线与投影面垂直的平行投影法，如图 2-2（b）所示。

由于正投影法作图方便、度量好，并能反映物体的真实形状和大小，所以在绘制机械图样时主要采用正投影法。

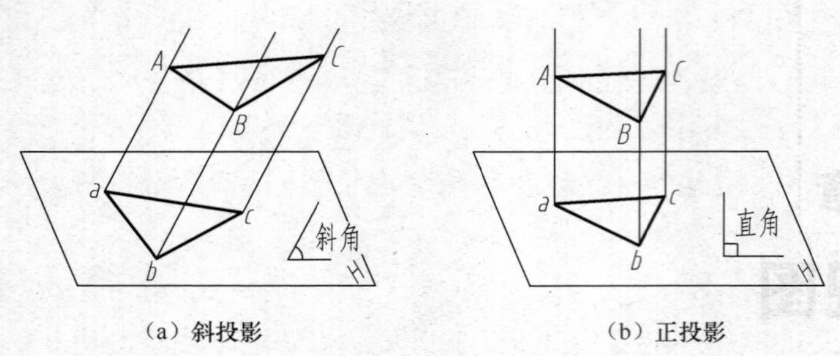

（a）斜投影　　（b）正投影

图 2-2　平行投影法

三、正投影法基本性质

1. 真实性

当平面或直线平行于投影面时，其投影反映实形或实长，这种投影特性称为真实性，如图 2-3（a）所示。

2. 积聚性

当直线或平面垂直于投影面时，则直线的投影积聚成一点，平面的投影积聚成一直线，这种投影特性称为积聚性，如图 2-3（b）所示。

3. 类似性

当直线或平面倾斜于投影面时，直线的投影仍为直线，但小于实长；平面的投影面积变小，形状与原来形状相似，这种投影特性称为类似性，如图 2-3（c）所示。

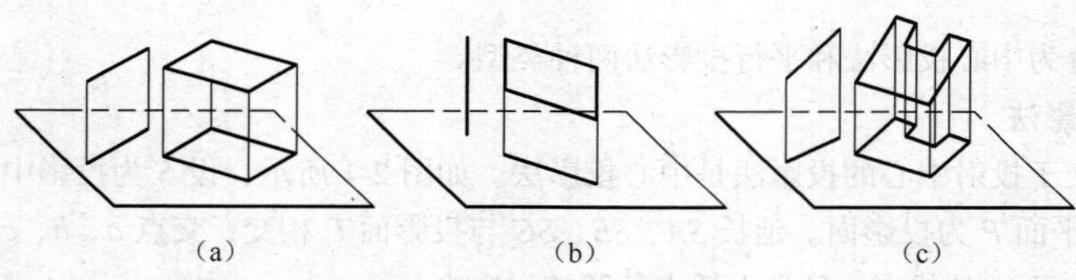

（a）　（b）　（c）

图 2-3　正投影的基本特性

四、三视图的形成

1. 三投影面体系的建立

三投影面体系由 3 个相互垂直的投影面组成，如图 2-4 所示。3 个投影面分别为：正立投影面，简称正面，用 *V* 表示；水平投影面，简称水平面，用 *H* 表示；侧立投影面，简称侧面，用 *W* 表示。

在三投影面体系中，两两投影面的交线称为投影轴。它们分别为 *OX*、*OY*、*OZ* 轴，简称 *X*、*Y*、*Z* 轴。

X 轴：*V* 面与 *H* 面的交线，它代表长度方向。

Y 轴：*H* 面与 *W* 面的交线，它代表宽度方向。

Z 轴：*V* 面与 *W* 面的交线，它代表高度方向。

三投影轴相互垂直相交，其交点 *O* 称为原点。

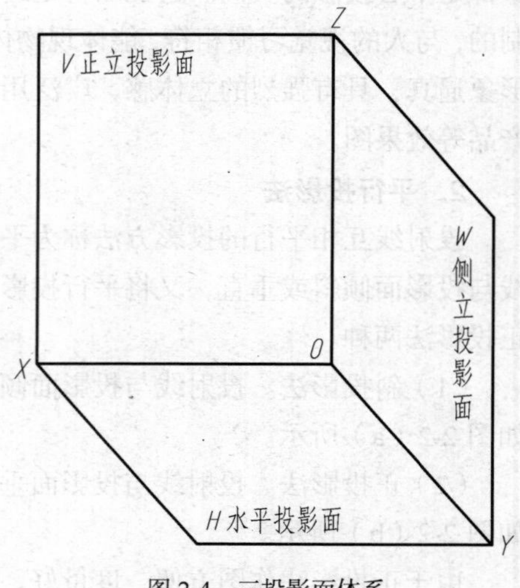

图 2-4　三投影面体系

2. 物体在三投影面体系中的投影

将物体放在三投影面体系中，分别向 3 个投影面做正投影，即可得到 3 个视图，如图 2-5（a）所示。

主视图：由前向后投射，在 V 面上所得到的视图。

俯视图：由上向下投射，在 H 面上所得到的视图。

左视图：由左向右投射，在 W 面上所得到的视图。

3. 三投影面的展开

为了画图和看图的方便，需将 3 个相互垂直的投影面展开摊平在同一个平面上。其展开方法是：正面（V 面）不动，将水平面（H 面）绕 OX 轴向下旋转 90°，侧面（W 面）绕 OZ 轴向右旋转 90°，使其分别与正面在同一个平面上，如图 2-5（b）、（c）所示。画图时，不必画出投影面的范围。旋转后，俯视图在主视图的正下方，左视图在主视图的正右方。画三视图时，应严格按此位置配置，不需要注明。

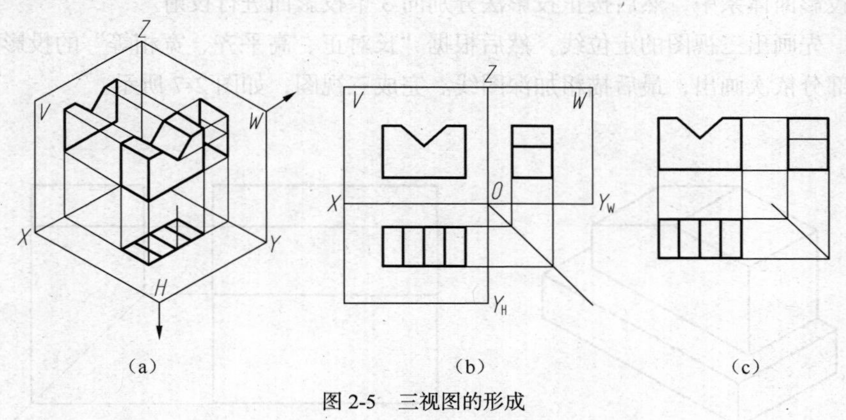

图 2-5 三视图的形成

五、三视图的对应关系

物体有长、宽、高 3 个方向的大小。物体左右之间的距离为长，前后之间的距离为宽，上下之间的距离为高。由图 2-5 可以看出，每一个视图只能反映物体两个方向的大小。

主视图：反映物体的长和高。

俯视图：反映物体的长和宽。

左视图：反映物体的宽和高。

由此可以归纳出三视图的投影规律，如图 2-6 所示。

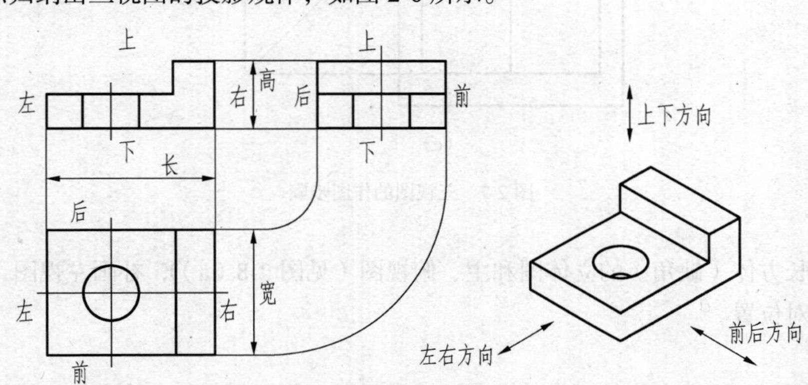

图 2-6 三视图之间的对应关系

- 主、俯视图“长对正”——等长。
- 主、左视图“高平齐”——等高。
- 俯、左视图“宽相等”——等宽。

又如图 2-6 所示，物体有上、下、左、右、前、后 6 个方位，其中：

- 主视图反映物体的上下、左右 4 个方位关系；
- 俯视图反映物体的前后、左右 4 个方位关系；
- 左视图反映物体的上下、前后 4 个方位关系。

六、画物体三视图的步骤

首先，分析其结构形状，选择反映物体形状特征最明显的方向作为主视图的投射方向，将物体放正在三投影面体系中，然后按正投影法分别向 3 个投影面进行投射。

作图时，先画出三视图的定位线，然后根据“长对正、高平齐、宽相等”的投影规律，将物体的各组成部分依次画出，最后描粗加深图线。完成三视图，如图 2-7 所示。

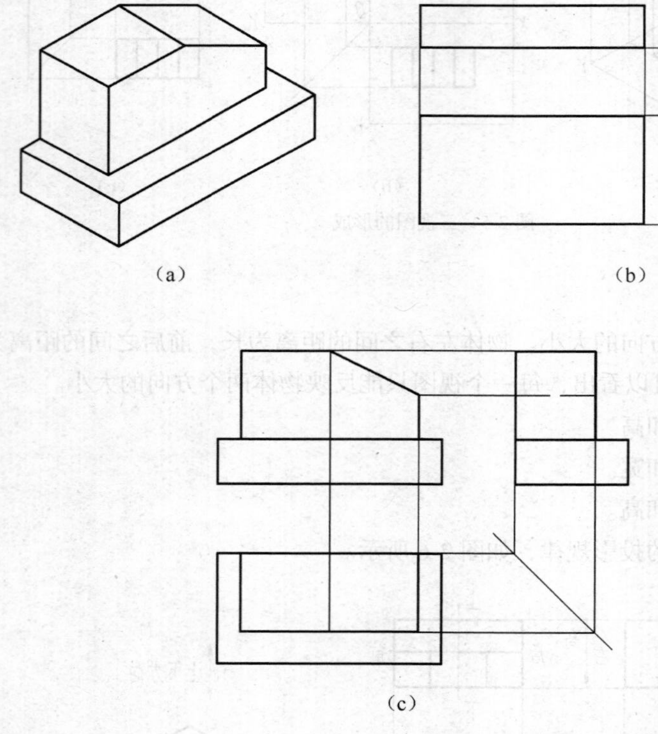

图 2-7　三视图的作图步骤

例：根据长方体（缺角）的立体图和主、俯视图（见图 2-8（a）），补画左视图，并分析长方体表面间的相对位置。

分析

应用三视图的投影和方位的对应关系来补画左视图和分析判断长方体表面间的相对位置。

作图

（1）按长方体的主、左视图高平齐，俯、左视图宽相等的投影关系，补画长方体的左视图（见图 2-8（b））。

（2）用同样方法补画长方体上缺角的左视图，此时必须注意前、后位置的对应关系（见图 2-8（c））。

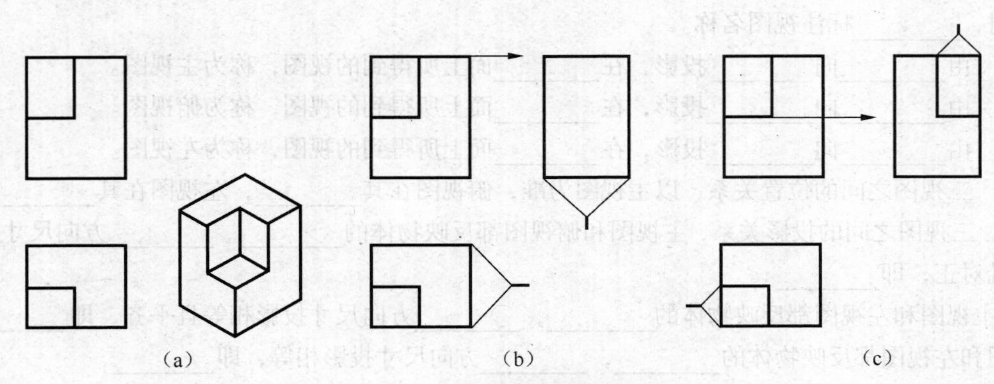

（a）　（b）　（c）

图 2-8　由主、俯视图补画左视图

思考

在分析长方体表面间的相对位置时应注意：主视图不能反映物体的前、后方位关系；俯视图不能反映物体的上、下方位关系；左视图不能反映物体的左、右方位关系。因此，如果用主视图来判断长方体前、后两个表面的相对位置时，必须从俯视图或左视图上找到前、后两个表面的位置，才能确定哪个表面在前，哪个表面在后，如图 2-9（a）所示。

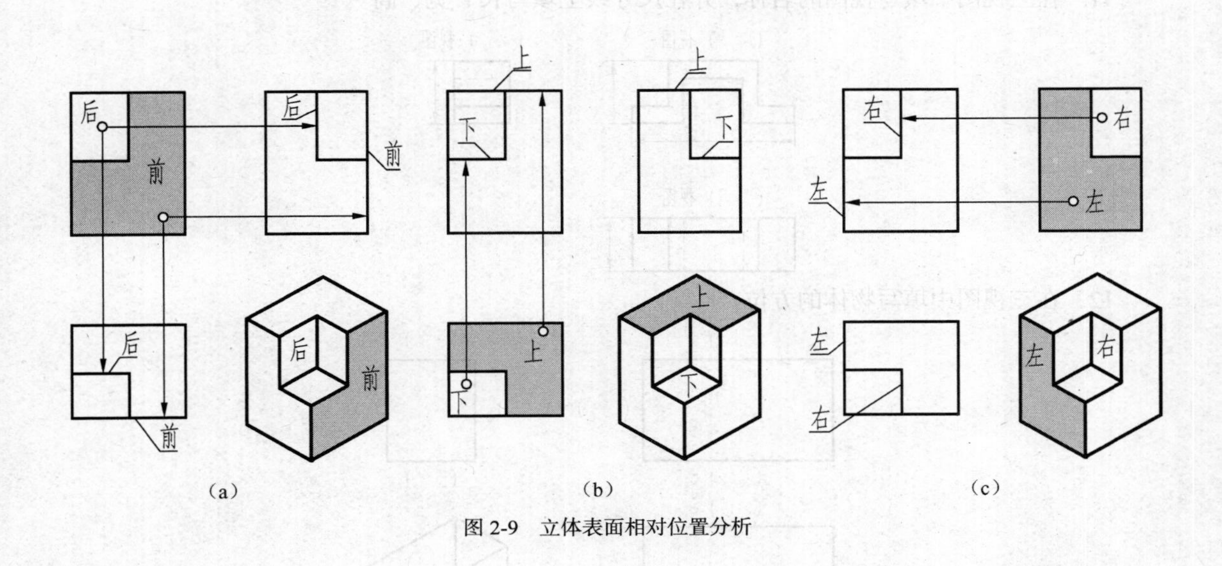

（a）　（b）　（c）

图 2-9　立体表面相对位置分析

用同样方法在俯视图上判断长方体上、下两个表面的相对位置，在左视图上判断长方体左、右两个表面的相对位置，如图 2-9（b）、（c）所示。

随堂训练

1. 投射线与投影面________的平行投影法，称为正投影法。正投影法的基本特征是________、________和________。

2. 在多面投影体系中，用正投影法所绘制出物体的图形，称为________。三视图按投影关系配置时，________标注视图名称。

3. 由________向________投影，在________面上所得到的视图，称为主视图。

4. 由________向________投影，在________面上所得到的视图，称为俯视图。

5. 由________向________投影，在________面上所得到的视图，称为左视图。

6. 三视图之间的位置关系，以主视图为准，俯视图在其________，左视图在其________。

7. 三视图之间的投影关系，主视图和俯视图都反映物体的________，________方向尺寸投影相等且对正，即________；

主视图和左视图都反映物体的________，________方向尺寸投影相等且平齐，即________；俯视图和左视图都反映物体的________，________方向尺寸投影相等，即________。

8. 三视图之间的方位关系，物体具有________、________、________、________、________、________6 个方位，每个视图都只能确定其中 4 个方位。

9. 画三视图时注意：

可见轮廓线用________绘制；

不可见轮廓线用________绘制；

对称立体的对称中心线用________绘制。

10. 一般来说，3 个视图可以确定物体的________形状。

11. 在三视图中填写视图的名称，并在尺寸线上填写长、宽、高。

（ ）视图 （ ）视图

（ ）视图

12. 在三视图中填写物体的方位。

（ ） （ ）

（ ） （ ） （ ） （ ）

（ ） （ ）

（ ）

（ ） （ ）

主视

13. 根据立体图补画三视图中所缺的图线。

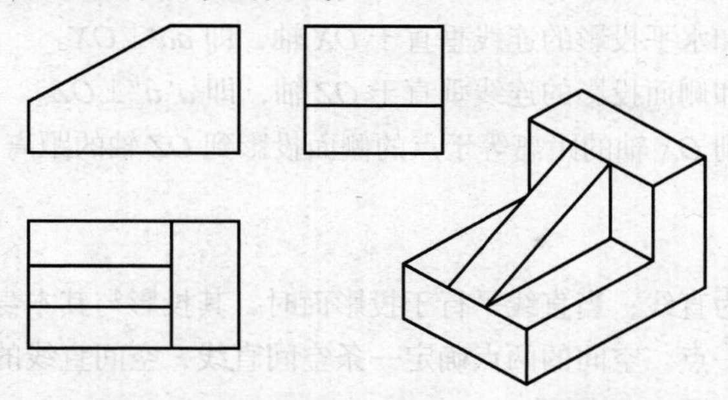

14. 根据给出的三视图，找出对应的立体图（在下面的括号内画钩）。

第二节 点、直线、平面的投影

一、点的投影

点是构成物体的最基本的几何要素。为了正确地表达物体，应首先掌握点的投影规律和作图方法。点的投影也是学习直线、平面以至立体投影的基础。

图 2-10（a）所示为处于三面投影体系中的空间点 A。过点 A 分别向 H、V、W 投影面作垂线，其垂足 a、a'、a''，即为点 A 在 3 个投影面上的投影。

规定：空间点用大写字母标记，如 A、B、C……

水平投影用相应的小写字母标记，如 a、b、c……

正面投影用相应的小写字母加一撇标记，如 a'、b'、c'……

侧面投影用相应的小写字母加两撇标记，如 a''、b''、c''……

将投影面按规定展开，去掉投影面的边框，便得到点 A 的三面投影图。

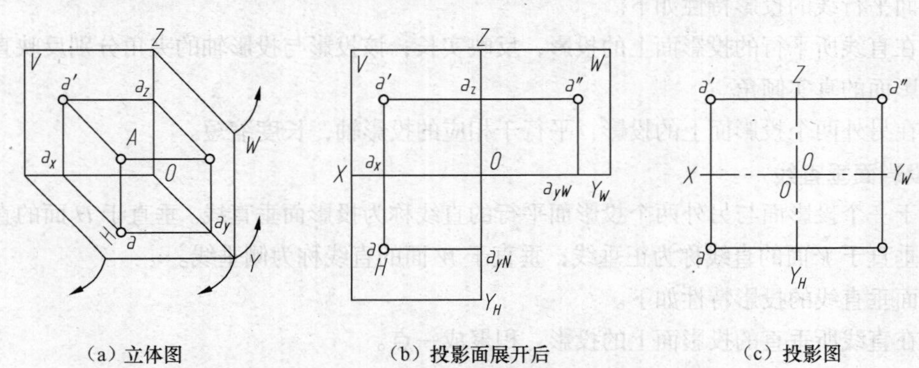

图 2-10 点在三投影面体系中的投影

由图 2-10 可以得出点的三面投影规律如下。

（1）点的正面投影和水平投影的连线垂直于 OX 轴，即 $aa' \perp OX$。

（2）点的正面投影和侧面投影的连线垂直于 OZ 轴，即 $a'a'' \perp OZ$。

（3）点的水平投影到 OX 轴的距离等于点的侧面投影到 OZ 轴的距离，即 $aa_x = a''a_z$。

二、直线的投影

直线的投影一般仍为直线；当直线平行于投影面时，其投影与其本身等长；当直线垂直于投影面时，其投影积聚为一点。空间的两点确定一条空间直线，空间直线的投影可由直线上两点的同面投影连线来确定，如图 2-11 所示。

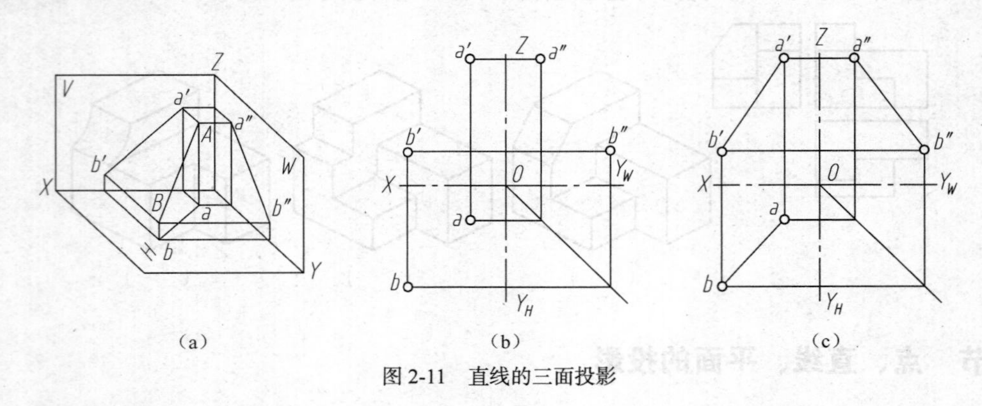

图 2-11　直线的三面投影

空间直线于投影面的相对位置有 3 种：投影面平行线、投影面垂直线和一般位置直线。

1. 投影面平行线

平行于一个投影面而与另外两个投影面倾斜的直线称为投影平行线。平行于 H 面的直线称为水平线；平行于 V 面的直线称为正平线；平行于 W 面的直线称为侧平线。

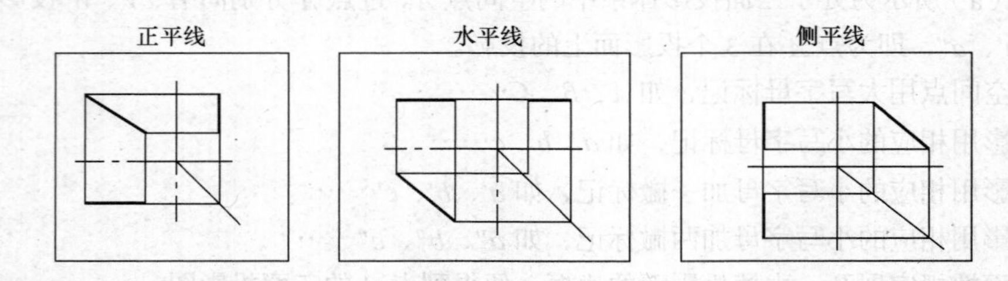

投影面平行线的投影特性如下。

（1）在直线所平行的投影面上的投影，反映实长；该投影与投影轴的夹角分别反映直线对另外两个投影面的真实倾角。

（2）在另外两个投影面上的投影，平行于相应的投影轴，长度缩短。

2. 投影面垂直线

垂直于一个投影面与另外两个投影面平行的直线称为投影面垂直线。垂直于 H 面的直线称为铅垂线；垂直于 V 面的直线称为正垂线；垂直于 W 面的直线称为侧垂线。

投影面垂直线的投影特性如下。

（1）在直线所垂直的投影面上的投影，积聚成一点。

（2）在另外两个投影面上的投影，平行于相应的投影轴，反映实长。

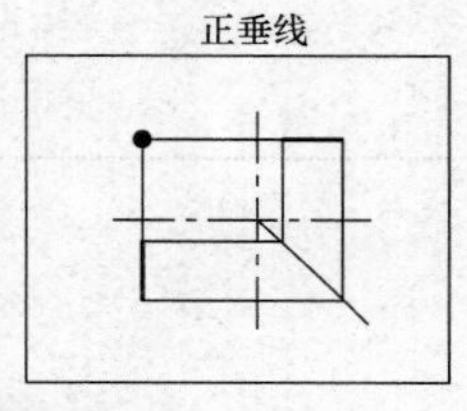
正垂线

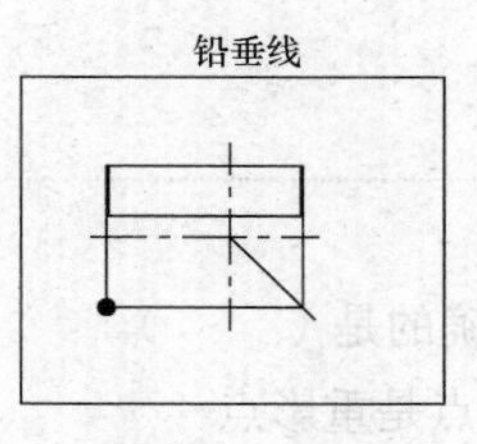
铅垂线

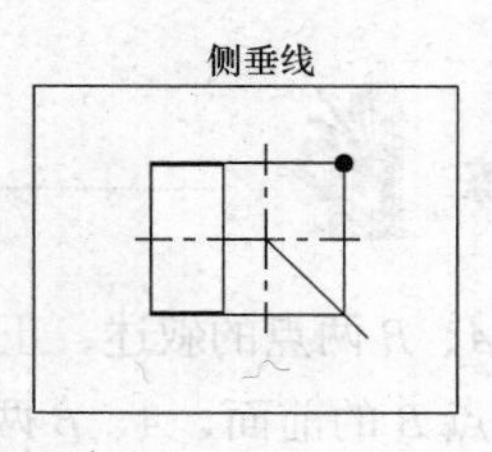
侧垂线

3．一般位置直线

与三个投影面均倾斜的直线称为一般位置直线。

一般位置直线的投影特性如下。

（1）3 个投影都倾斜于投影轴。

（2）投影长度小于直线的实长。

（3）投影与投影轴的夹角，不反映直线对投影面的倾角。

三、平面的投影

空间平面在三投影面体系中，与投影面的相对位置有 3 种：投影面平行面、投影面垂直面和一般位置平面。

1．投影面平行面

平行于一个投影面，而垂直于另外两个投影面的平面称为投影面平行面。平行于 *H* 面的平面称为水平面；平行于 *V* 面的平面称为正平面；平行于 *W* 面的平面称为侧平面。

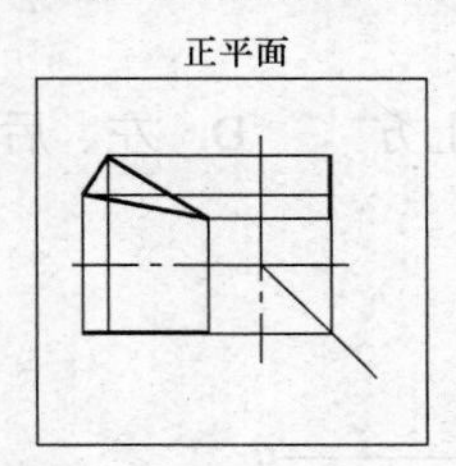
正平面

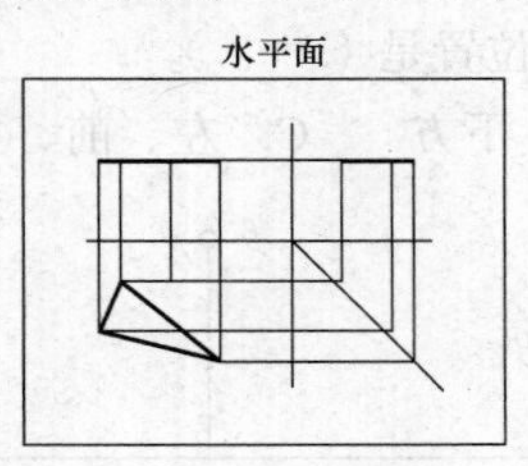
水平面

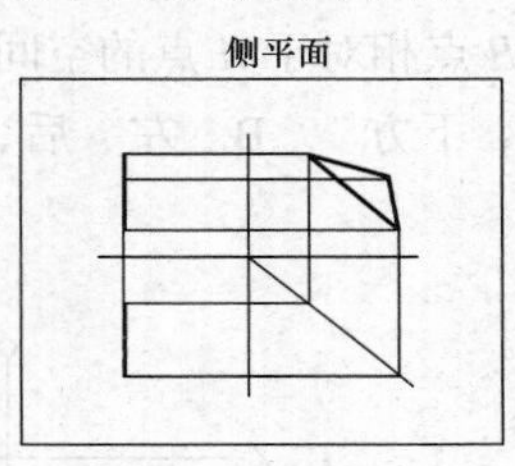
侧平面

投影特性如下。

（1）平面在所平行的投影面上的投影反映实形。

（2）其余的投影都是平行于投影轴的直线，都具有积聚性。

2．投影面垂直面

垂直于一个投影面，而对另外两个投影面倾斜的平面称为投影面垂直面。垂直于 *H* 面的平面称为铅垂面；垂直于 *V* 面的平面称为正垂面；垂直于 *W* 面的平面称为侧垂面。

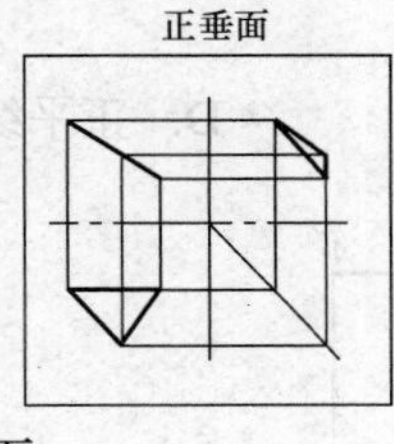
正垂面

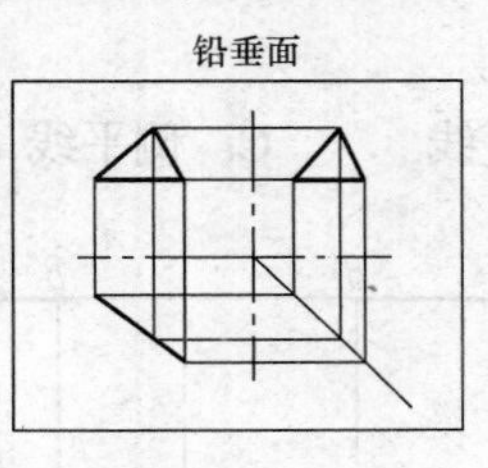
铅垂面

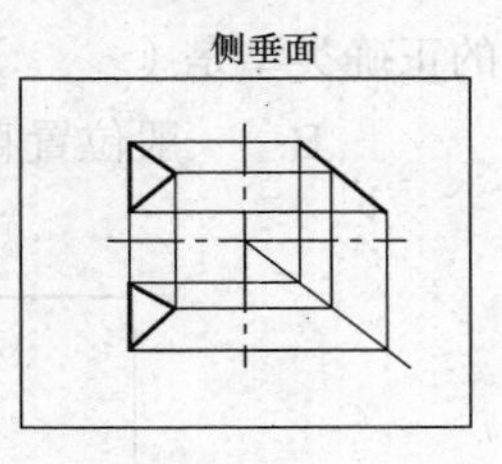
侧垂面

投影特性如下。

（1）平面在所垂直的投影上的投影积聚成一直线，且反映与另外两个投影面的倾角。

（2）另外两个投影面上的投影是该平面的类似形。

3．一般位置平面

对 3 个投影面都倾斜的平面称为一般位置平面。在 3 个投影面的投影都是缩小的类似形。

随堂训练

1. 对图中 *A*、*B* 两点的叙述，正确的是（　　）。

A. 点 *A* 在点 *B* 的前面，*A*、*B* 两点是重影点

B. 点 *A* 在点 *B* 的后面，*A*、*B* 两点是重影点

C. 点 *A* 在点 *B* 的前面，*A*、*B* 两点不是重影点

D. 点 *A* 在点 *B* 的后面，*A*、*B* 两点不是重影点

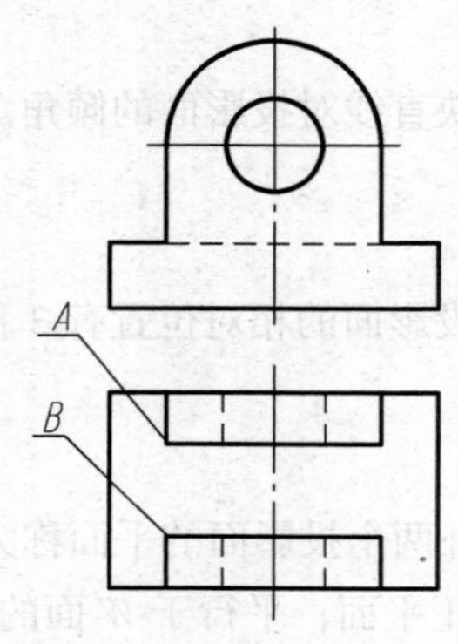

2. 下图中 *B* 点相对于 *A* 点的空间位置是（　　）。

A. 左、前、下方　　B. 左、后、下方　　C. 左、前、上方　　D. 左、后、上方

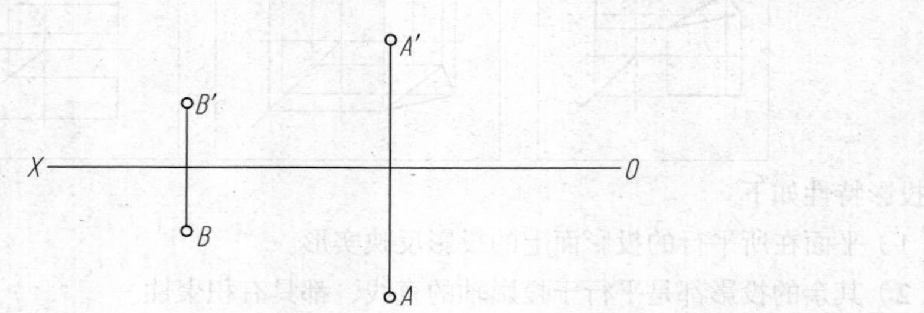

3. 已知空间点 *A*（20，10，15），点 *B*（15，15，20），*A*、*B* 两点相对位置判断正确的是（　　）。

A. 点 *A* 在点 *B* 右面　　　　B. 点 *A* 在点 *B* 下面

C. 点 *A* 在点 *B* 后面　　　　D. 点 *A* 与点 *B* 重合

4. 直线 *AB* 的正确类型是（　　）。

A. 水平线　　B. 一般位置直线　　C. 侧平线　　D. 正平线

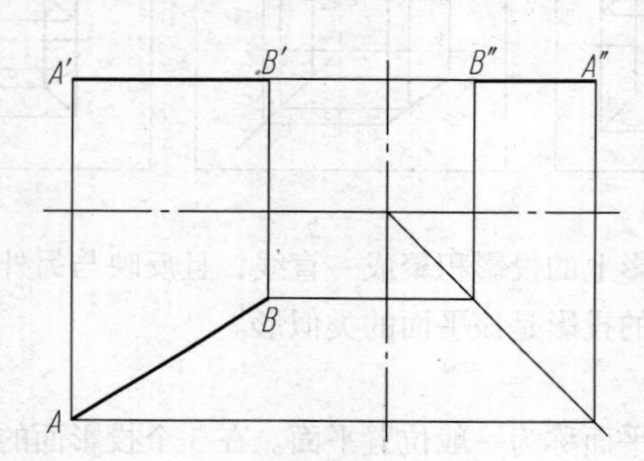

5. 下列直线是正平线的是（　　）。

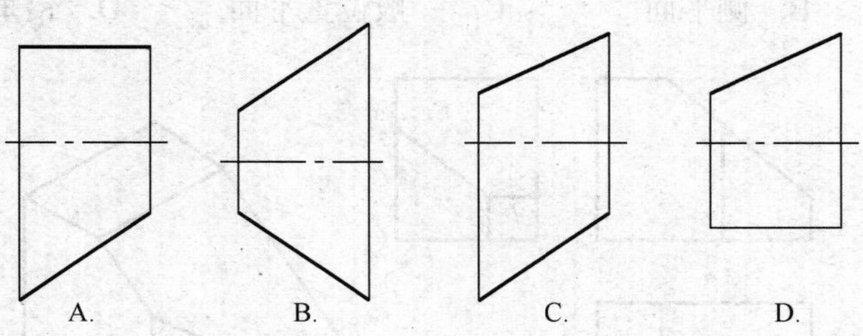

6. 直线 *AB* 是（　　）。

A. 一般位置直线　　B. 正垂线　　C. 水平线　　D. 侧平线

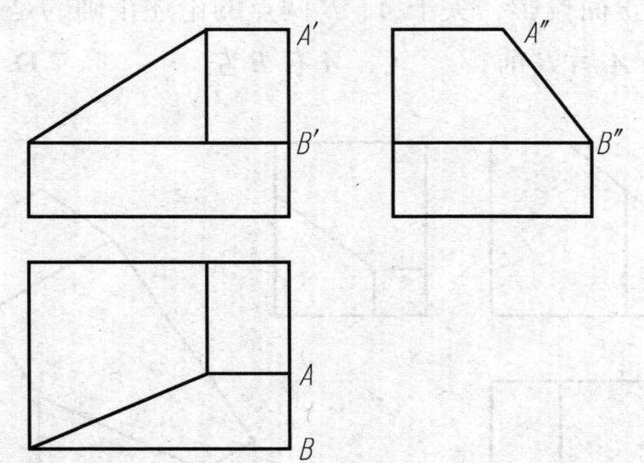

7. 下列平面，能正确表示正平面投影的是（　　）。

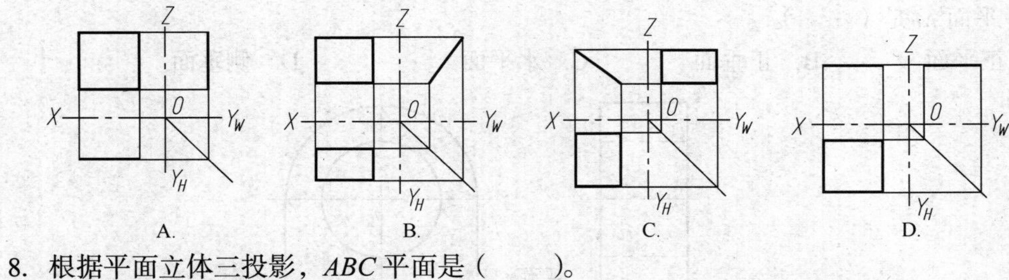

8. 根据平面立体三投影，*ABC* 平面是（　　）。

A. 一般位置平面　　B. 正垂面　　C. 水平面　　D. 侧平面

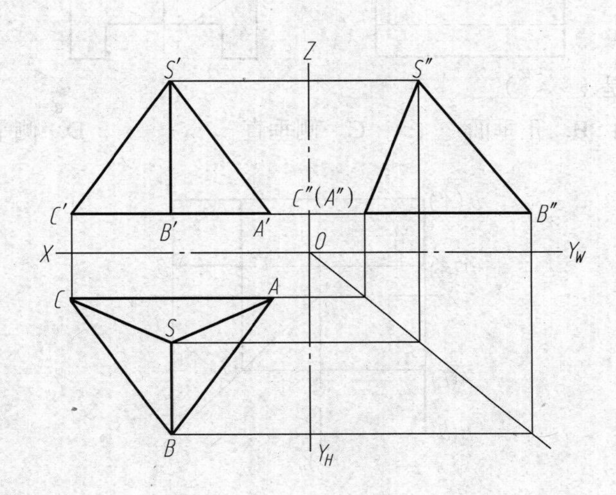

9. 平面 P 属于（　　）。

A. 正平面　　B. 侧平面　　C. 一般位置平面　　D. 铅垂面

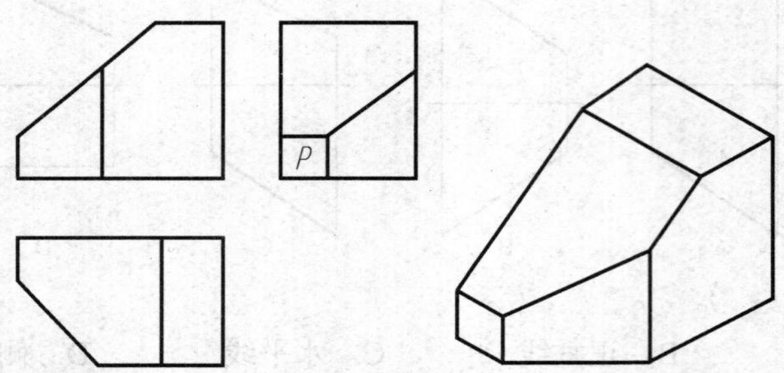

10. 已知 A、B 两点的正面投影，关于 A、B 两点的论述正确的是（　　）。

A. A 上 B 下　　B. A 后 B 前　　C. A 右 B 左　　D. A 高 B 低

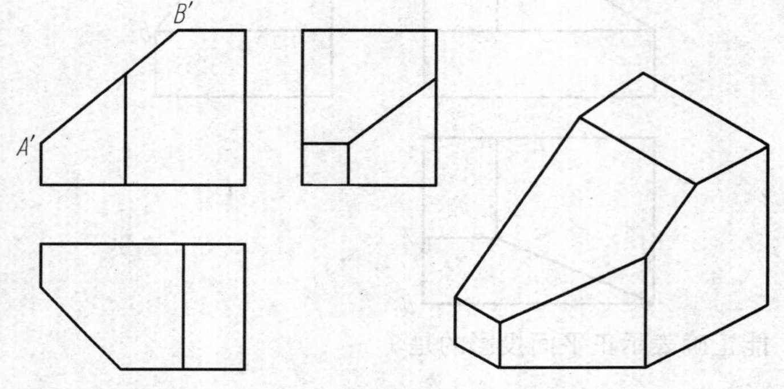

11. 平面 M 是（　　）。

A. 正平面　　B. 正垂面　　C. 水平面　　D. 侧垂面

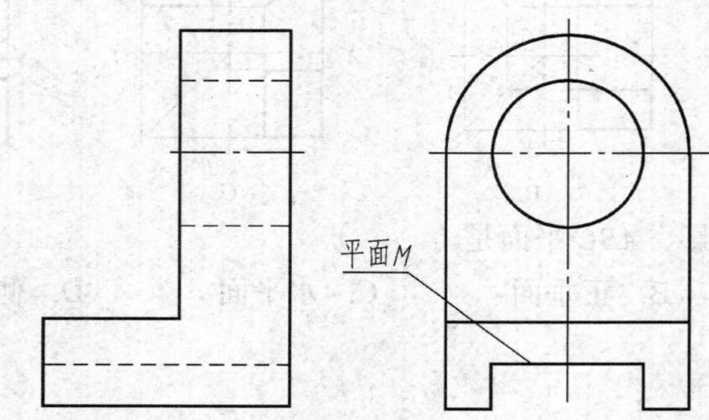

12. 平面 $ABCD$ 是（　　）。

A. 一般位置平面　B. 正垂面　　C. 侧垂直　　D. 侧平面

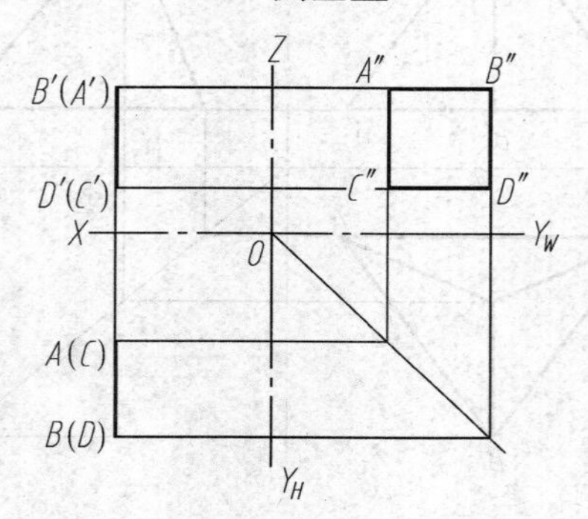

13. 平面 M、N 分别是（　　）。

A. 一般面、正垂面　　B. 侧垂面、水平面　　C. 正平面、一般面　　D. 铅垂面、正垂面

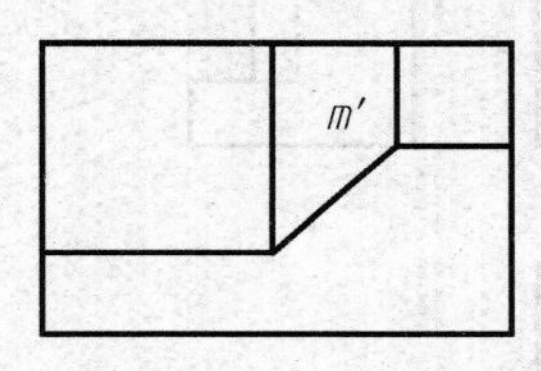

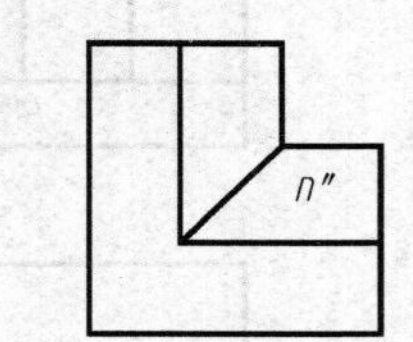

14. 平面 M、N 分别是（　　）。

A. 正垂面、水平面　　B. 侧平面、水平面　　C. 侧平面、正垂面　　D. 正垂面、侧垂面

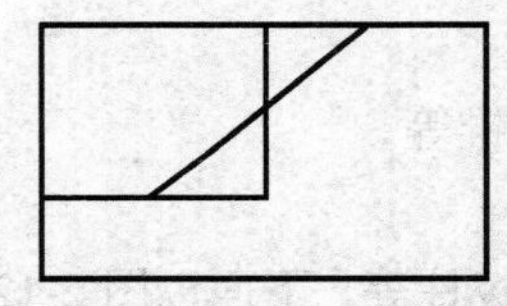
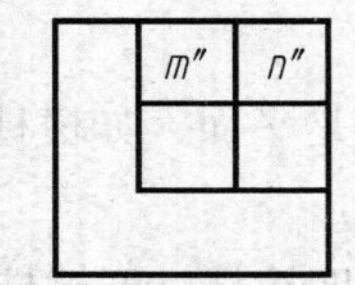

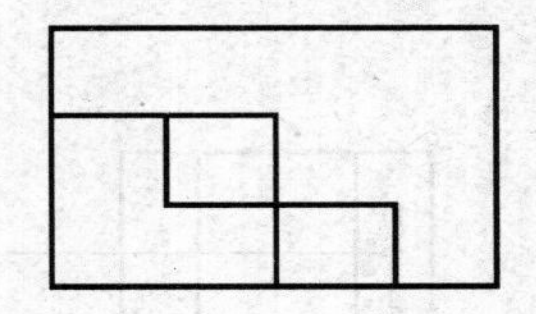

15. 线框 a 表示的面是（　　）。

A. 水平面　　B. 正平面　　C. 正垂面　　D. 圆柱面

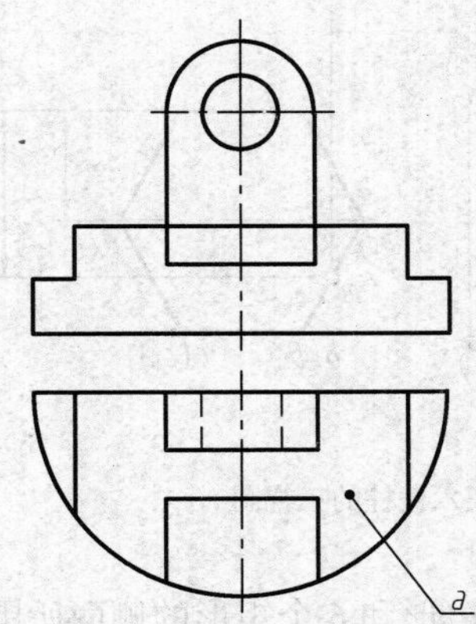

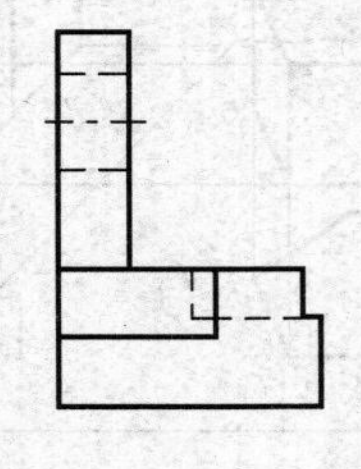
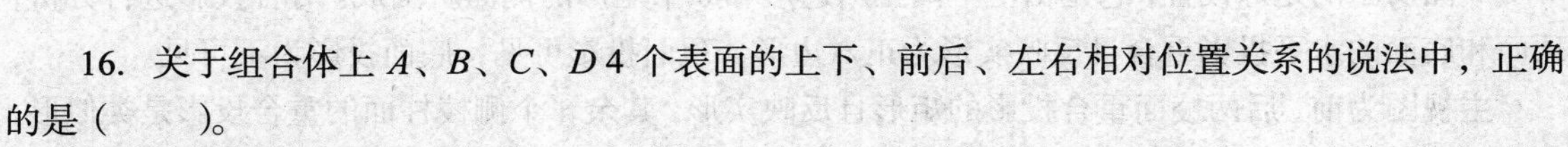

16. 关于组合体上 A、B、C、D 4 个表面的上下、前后、左右相对位置关系的说法中，正确的是（　　）。

A. A 前 B 后，C 上 D 下　　B. A 前 B 后，C 下 D 上

C、A 后 B 前，C 上 D 下　　D. A 后 B 前，C 下 D 上

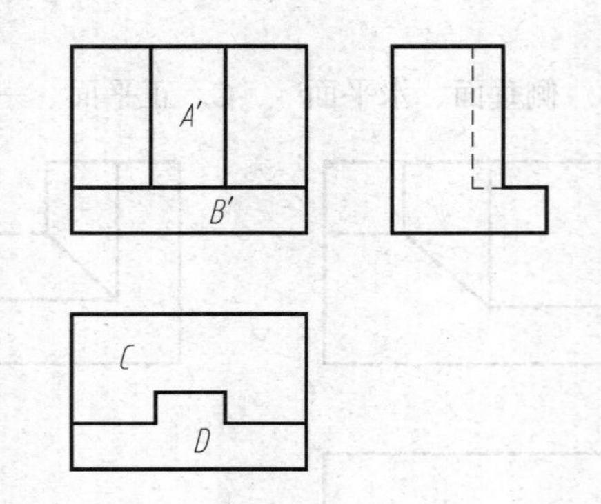

第三节　基础几何体的投影及尺寸标注

一般机件都可以看成是由若干基本体组合而成。基本体包括平面体和曲面体两类。曲面体至少有一个表面是曲面，如圆柱、圆锥、圆球等。

一、平面体

平面立体的每个表面都是平面，如棱柱、棱锥等。

1. 棱柱

常见的棱柱有三棱柱、四棱柱、五棱柱、六棱柱等。下面以图 2-12 所示正六棱柱为例分析其投影特征和作图方法。

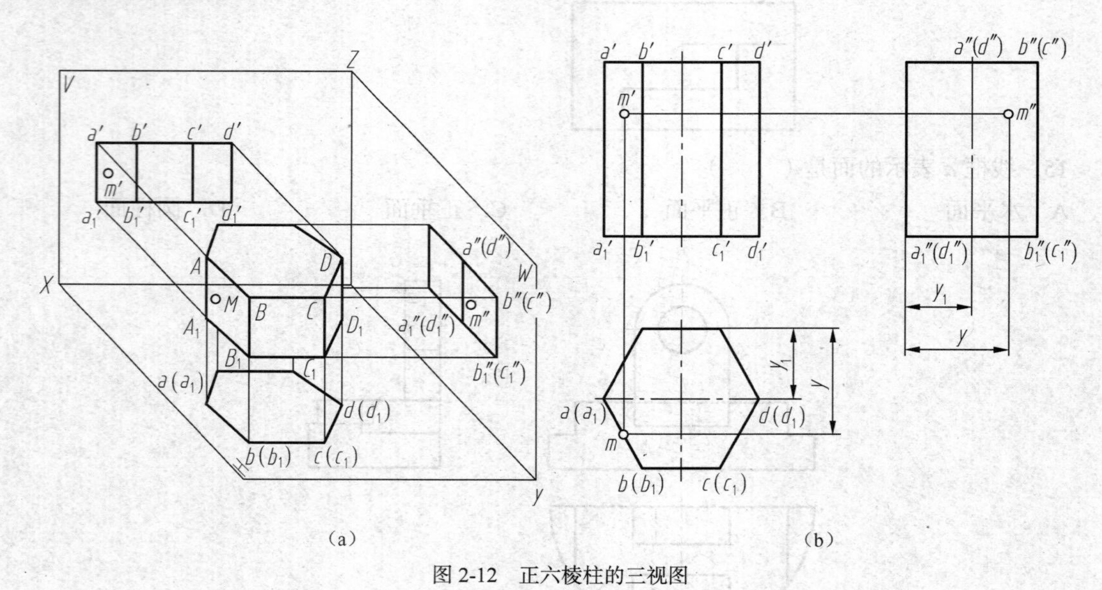

图 2-12　正六棱柱的三视图

下图所示的是六棱柱，它是由上下两正六边形和 6 个矩形的侧面所围成。对各投影进行分析，顶面和底面的水平投影重合且反映实形为正六边形，顶面投影可见，底面投影为不可见。

主视图为前、后两棱面重合投影的矩形且反映实形，其余 4 个侧棱柱面的重合投影是类似形，其中前 3 个棱面的投影可见。

左视图为左右四棱柱面的重合投影，是类似形，其中左边两个棱柱面的投影可见。

作投影图时，先画出中心线对称线和底面基线，再画出六棱柱的水平投影正六边形，最后按投影规律作出其他投影。

2. 棱锥

棱锥的锥线交于一点。常见的棱锥有三棱锥、四棱锥、五棱锥等。下面以图 2-13 所示正三棱锥为例分析其投影特性和作图方法。

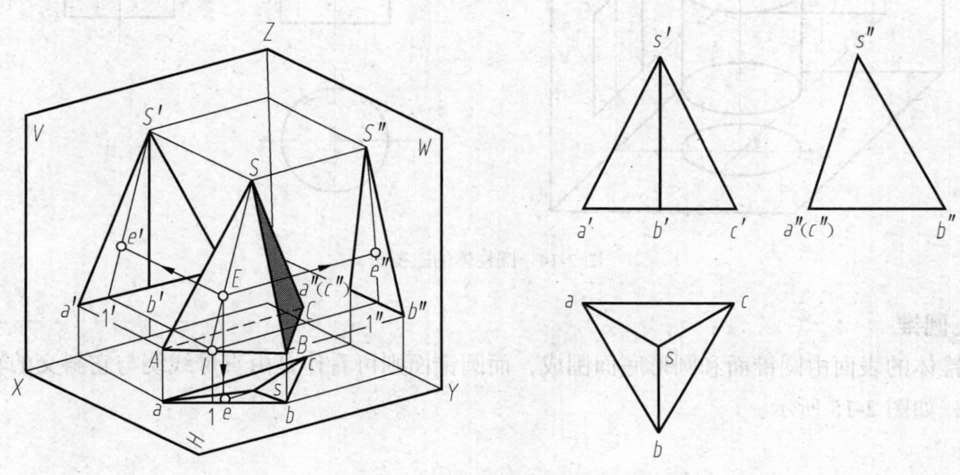

图 2-13 正三棱锥的三视图

棱锥的投影分析和画法：如图 2-13（a）所示为一正三棱锥。它由一底面和 3 个侧棱面围成。底面是一等边三角形，3 个侧棱面为全等的等腰三角形。底面放置为水平位置，并使棱锥左右对称（棱面 *SAC* 垂直于 *W* 面）。由于底面 ΔABC 为水平面，所以水平投影 Δabc 反映实形，正面和侧面投影积聚为水平线段。棱面 *SAB* 和 *SBC* 为一般位置平面，故其三投影均为缩小的类似三角形，且侧面投影重合。棱面 *SAC* 为侧垂面，所以侧面投影积聚为倾斜线段 $s''\ a''\ c''$ ，正面和水平投影为缩小的类似三角形。

画图时，一般先画反映实形的底面三角形的水平投影，再画出具有积聚性的面的另两个投影；然后画出锥顶的 3 个投影；最后将锥顶和底面 3 个顶点的同面投影连接起来，即得正三棱锥的三面投影。

二、回转体

回转体也称为曲面体。在机件中常见的曲面体是回转体。回转体是指由回转面（由一条母线围绕轴线回转一周而形成的表面）或回转面与平面所围成的形体，如圆柱、圆锥、球等。

1. 圆柱

圆柱的形成：圆柱体表面是由圆柱面和上、下底平面（圆形）围成的，而圆柱面可以看作是一条与轴线平行的直母线绕轴线旋转而成的，如图 2-14 所示。

圆柱的三视图分析如下。

（1）主视图：圆柱体的主视图是一个长方形线框。

（2）俯视图：它的水平投影反映实形——圆形。

（3）左视图：圆柱体的左视图也是一个长方形线框。

画圆柱体的三视图时先画出圆的中心线，然后画出积聚的圆，再以中心线和轴线为基准，根据投影的对应关系画出其余两个投影图，即两个全等矩形。

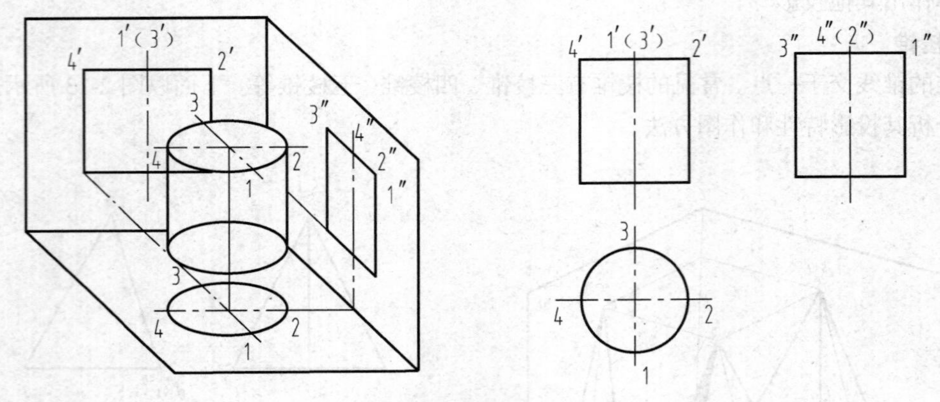

图 2-14　圆柱体的三视图

2. 圆锥

圆锥体的表面由圆锥面和圆形底面围成，而圆锥面则可看作是由直母线绕与它斜交的轴线旋转而成，如图 2-15 所示。

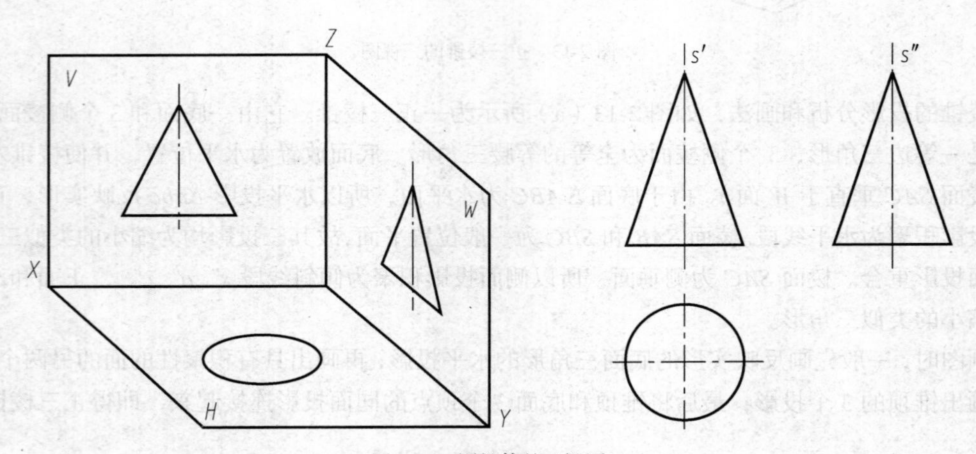

图 2-15　圆锥体的三视图

圆锥的三视图分析如下。

（1）主视图：圆锥的主视图是一个等腰三角形。

（2）俯视图：水平投影是一个圆。

（3）左视图：圆锥的左视图与它的主视图一样，也是一个等腰三角形。

圆锥三视图的作图步骤如下。

（1）先画出中心线，然后画出圆锥底圆，画出主视图、左视图的底部。

（2）根据圆锥高画出顶点。

（3）连轮廓线，完成全图。

3. 球体

球的形成：球的表面，可以看作是以一个圆为母线，绕其自身的直径（即轴线）旋转而成。

球的三视图：球从任何方向投影都是与球直径相等的圆，因此其三面视图都是等半径的圆。

球的三视图的作图步骤如下。

（1）画出各视图圆的中心线。

（2）画出 3 个与球体等直径的圆。

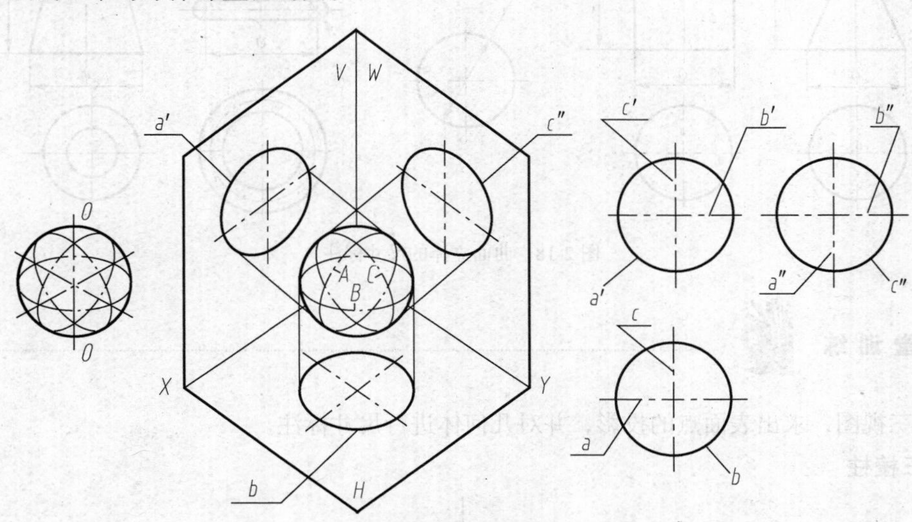

图 2-16　球体的三视图

三、基本几何体的尺寸标注

视图表达了形体的形状，而形体的真实大小是由图样上所注的尺寸来确定的。基本几何体的尺寸要从长、宽、高 3 个方向来确定其形状大小，所以在图中必须标注其 3 个方向的尺寸。

1. 平面立体的尺寸标注

标注平面立体的尺寸时，应根据其几何形状的特点确定其长、宽、高 3 个方向的尺寸数值。棱柱、棱锥、棱台的尺寸，除了标注高度尺寸外，还要注出确定其顶面和底面形状的尺寸，如图 2-17 所示。

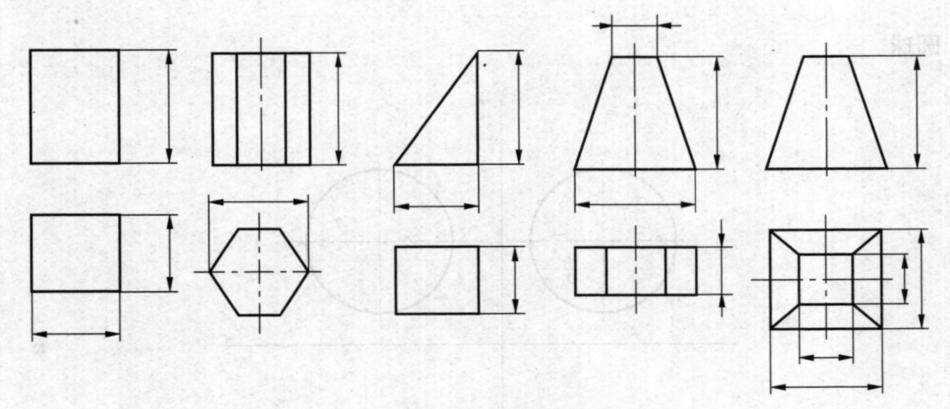

图 2-17　平面立体的尺寸标注

2. 曲面立体的尺寸标注

圆柱和圆锥应标注底圆的直径和高度尺寸，圆台还应标注顶圆的直径。在标注尺寸时应注意在直径尺寸数字前加注“ϕ”，圆球在直径尺寸数字前加注“$S\phi$”。当把尺寸集中标注在一个非圆视图上时，这个视图就能确定其形状和大小，如图 2-18 所示。

图 2-18　曲面立体的尺寸标注

随堂训练

画全三视图，求出表面点的投影，并对几何体进行尺寸标注。

1. 三棱柱

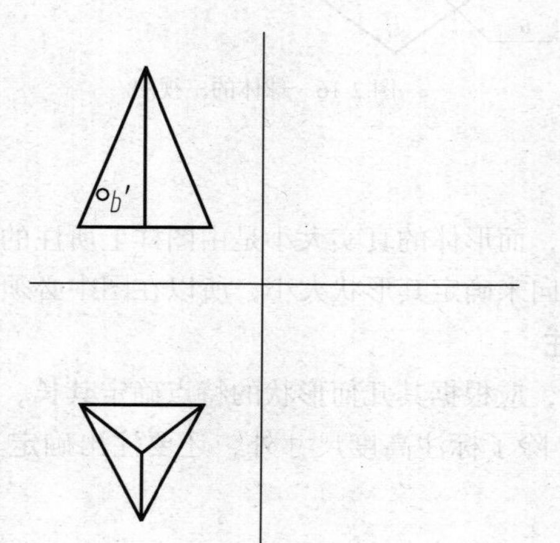

2. 圆球

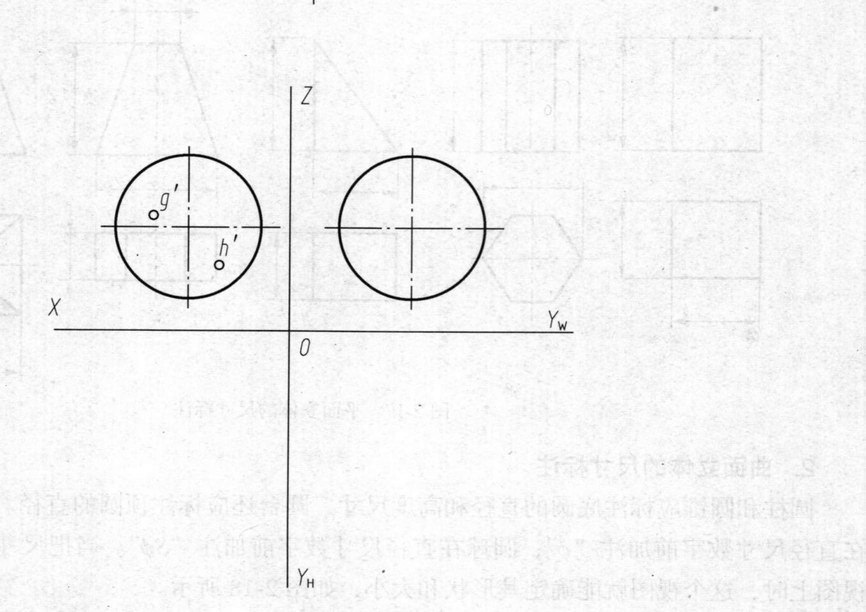

第四节 轴测图的画法

轴测图是将物体连同其直角坐标系，沿不平行于任一坐标平面的方向，用平行投影法投射在单一投影面上所得到的图形，如图 2-19 所示。该单一投影面称为轴测投影面，直角坐标系的 3 个坐标轴 O_0X_0、O_0Y_0、O_0Z_0 在轴测投影面上的投影 OX、OY、OZ 称为轴测轴。由于物体相对于投影面是处于倾斜位置，这样使得物体的长、宽、高 3 个方向的尺寸在投影图上均得到反映，通过这种投影方式得到的图形具有较强的立体感。

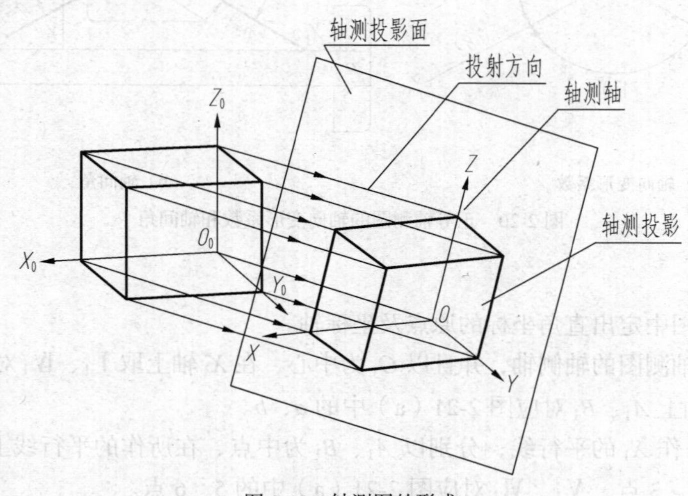

图 2-19 轴测图的形成

根据投射方向与轴测投影面的相对位置不同，轴测图分为两类：若投射线与轴测投影面垂直，则所得到的轴测图为正轴测图；若投射线与轴测投影面倾斜一定的角度，则所得到的轴测图为斜轴测图。

一、正等轴测图

将物体连同它的 3 个坐标轴放置成与轴测投影面具有相同的夹角，然后用正投影法向轴测投影面投射，得到的轴测图称为正等轴测图。

1. 正等轴测图的轴间角和轴向变形系数

在正等轴测图中，要使 3 个轴向变形系数相等，必须使确定物体空间位置的三个直角坐标轴与轴测投影面的倾斜角度相等，轴测图上轴间角$\angle X_1O_1Y_1=\angle Y_1O_1Z_1=\angle Z_1O_1X_1=120°$ ，如图 2-20（a）所示。画正等轴测图时，一般使 O_1Z_1 成铅垂位置，因此轴测轴 O_1X_1、O_1Y_1 分别与水平线成 30° 角，可利用丁字尺、三角板或两块三角板画出，如图 2-20（b）所示。

2. 正等轴测图的画法

坐标法是最基本、最常用的轴测图画法。作图时，先在物体三视图中确定坐标原点和坐标轴，画出轴测轴，然后按物体上各点的坐标关系采用简化轴向变形系数，在轴测图中找到相应点的轴测投影位置，依次画出各点的轴测投影，然后连接有关的点，完成轴测图。

图 2-21（a）所示为六棱柱的正投影图，其前后、左右对称，所以将坐标原点定在上底面六边形的中心，以六边形的中心线作为 X 轴和 Y 轴，Z 轴则与六棱柱的轴线重合。这样便于直接定

出上底面六边形各顶点的坐标，从上底面开始画图。作图时，只画看得见的轮廓线，看不见的轮廓线不用画出，以简化作图。

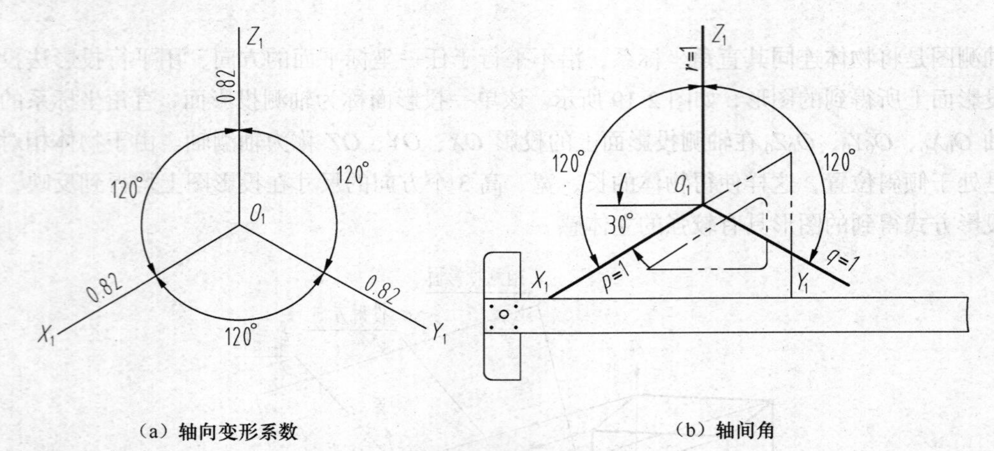

（a）轴向变形系数　（b）轴间角

图 2-20　正等轴测图的轴向变形系数和轴间角

作图步骤如下。

（1）在正投影图中定出直角坐标的原点及坐标轴。

（2）画出正等轴测图的轴侧轴，并且以 O_1 为中心，在 X_1 轴上取Ⅰ$_1$、Ⅳ$_1$对应图 2-21（a）中的 1、4 点，在 Y 轴上 A_1、B_1 对应图 2-21（a）中的 a、b。

（3）过 A_1、B_1 作 X_1 的平行线，分别以 A_1、B_1 为中点，在所作的平行线上取Ⅱ$_1$、Ⅲ$_1$ 对应图 2-21（a）中的 2、3 点，Ⅴ$_1$、Ⅵ$_1$ 对应图 2-21（a）中的 5、6 点。

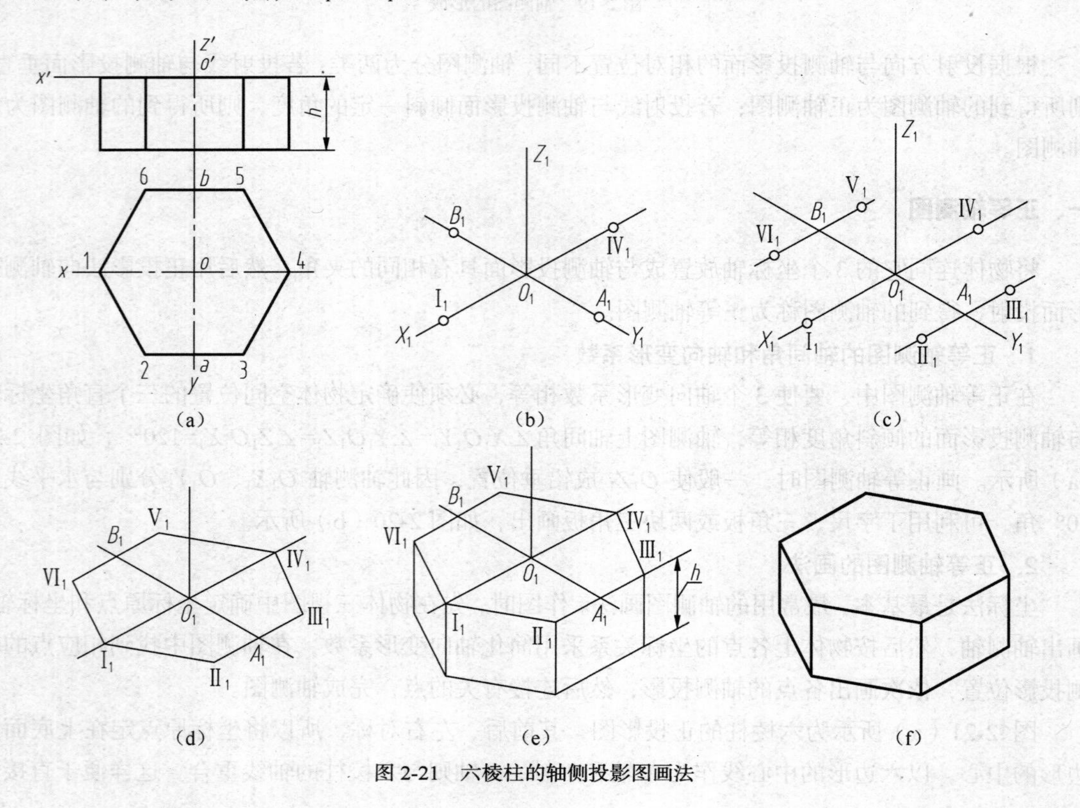

图 2-21　六棱柱的轴侧投影图画法

（4）用直线顺次连接各顶点，即得上底面六边形的轴测图 $\mathrm{I}_1\mathrm{II}_1\mathrm{III}_1\mathrm{IV}_1\mathrm{V}_1\mathrm{VI}_1$。

（5）过IV_1、I_1、II_1、III_1各点向下做 Z_1 的平行线，并在各平行线上按尺寸 h 取可见点，再依次连线。

（6）擦去多余的作图线，并加深，即为正六棱柱正等轴测图。

如图 2-22（a）所示，为一水平圆的投影图，其正等轴测图的近似画法如下。

（1）定出直角坐标系的原点及坐标轴。然后作圆的外切正方形 1234，与圆相切于 a、b、c、d4 点。

（2）画轴测轴，并在 X_1、Y_1 轴上截取 $O_1A_1=O_1C_1=O_1B_1=O_1D_1=R$，得 A_1、B_1、C_1、$D_1$4 点。

（3）过 A_1、B_1、C_1、D_1 四点分别作 X_1、Y_1 轴的平行线，得菱形 $\mathrm{I}_1\mathrm{II}_1\mathrm{III}_1\mathrm{IV}_1$。

（4）连 I_1C_1、III_1A_1，分别与$\mathrm{II}_1\mathrm{IV}_1$相交与 O_2 、O_3。

（5）分别以 I_1、III_1为圆心，I_1C_1、III_1A_1 为半径画圆弧 A_1B_1、C_1D_1。再分别以 O_2、O_3 为圆心，O_2C_1、O_3A_1 为半径，画圆弧 B_1C_1、A_1D_1。4 段圆弧光滑相接，即为近似椭圆。

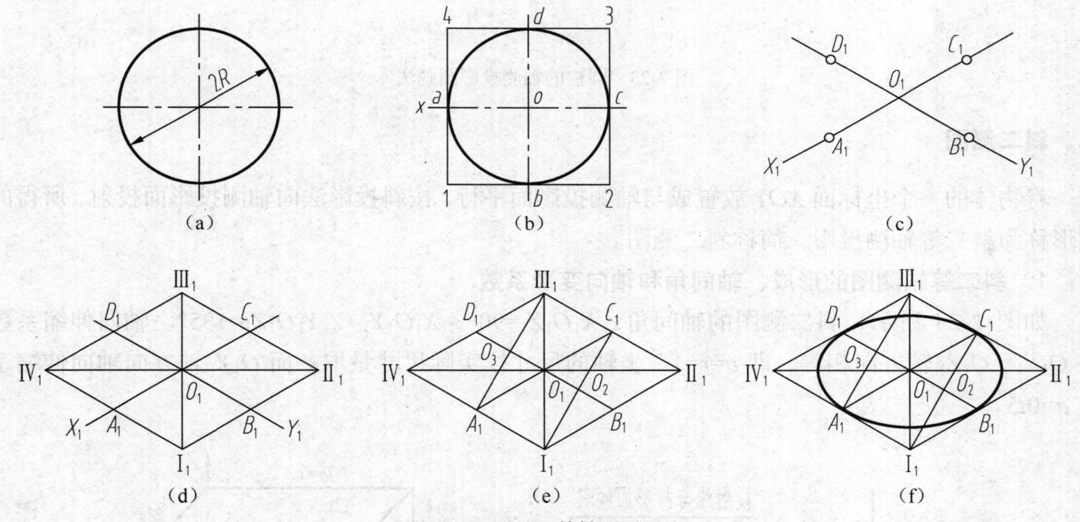

图 2-22 圆的正等轴测图画法

例：求作圆柱的正等轴测图。

分析：根据给定的圆柱的正投影图（见图 2-23（a））可知，该圆柱轴线垂直于水平面，其上、下底为两个与水平面平行且大小相同的圆；按照平行于坐标面的圆的正等轴测图的画法，即可根据其直径 d 和高度 h 作出两个形状、大小完全相同，中心距为 h 的两个椭圆，然后作两椭圆的公切线即成。

作图步骤如下。

（1）定坐标原点及坐标轴（见图 2-23（a））。

（2）画轴测轴 O_1X_1、O_1Y_1、O_1Z_1，自 O_1 沿 Z_1 轴向下在距离 h 处定出下底面椭圆的中心，并过此中心做 O_1X_1、O_1Y_1 轴的平行线，以圆柱直径为边长，在上下底的中心位置作出两个相同的菱形（见图 2-23（b））。

（3）用四心法分别画出上、下底椭圆（见图 2-23（c））。

（4）作上、下底椭圆的垂直公切线，将不可见的轮廓线及多余的作图线擦去，并加深图线，即得圆柱的正等轴测图（见图 2-23（d））。

为简化作图也可以先作上底椭圆，然后将该椭圆的 4 个圆心沿 O_1Z_1 轴平移距离 h，确定下底椭圆的 4 个圆心，作出下底椭圆，然后作两椭圆的公切线。

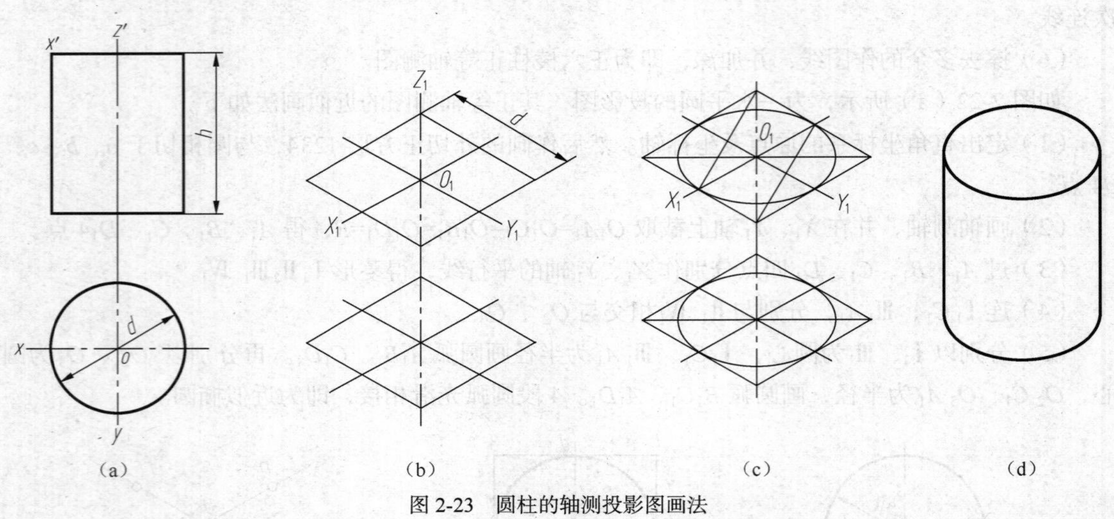

图 2-23　圆柱的轴测投影图画法

二、斜二测图

将物体的一个坐标面 XOY 放置成与轴测投影面平行，按斜投影法向轴测投影面投射，所得的图形称为斜二等轴测投影，简称斜二测图。

1. 斜二等轴测图的形成、轴间角和轴向变形系数

如图 2-24 所示，斜二测图的轴间角 $\angle X_1O_1Z_1=90°$，$X_1O_1Y_1=\angle Y_1O_1Z_1=135°$。轴向伸缩系数在 O_1X_1、O_1Z_1 轴方向相等，即 $p=r=1$，坐轴的尺寸按实际尺寸量取；而 O_1Y_1 轴方向轴向伸缩系数 $q=0.5$。

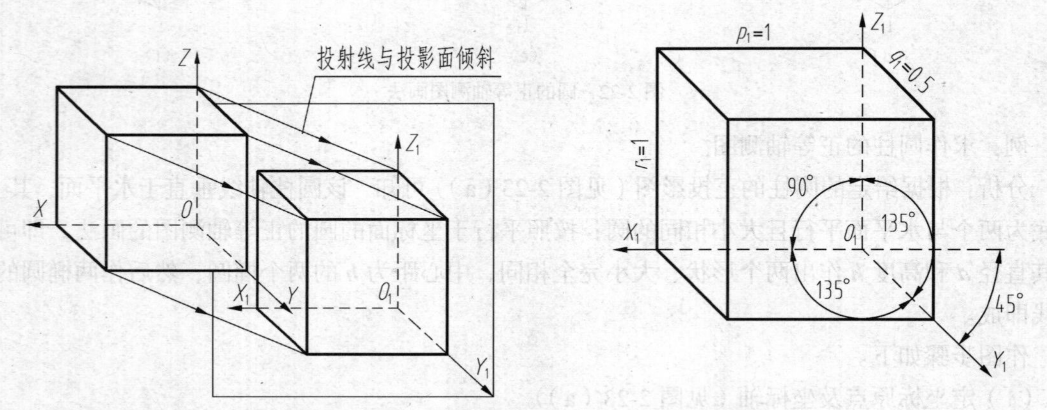

图 2-24　斜二等轴测图的形成、轴向变形系数和轴

2. 斜二等轴测图的画法

凡是平行于 $X_1O_1Z_1$ 坐标面的平面图形，在斜二等轴测图中其轴测投影均反映实形。因此当物体正面形状较复杂，且具有较多的圆或圆弧，其他平面上图形较简单时，选择斜二等轴测图则作图简便。作图时，凡是平行于 X_1、Z_1 轴的轴向线段，按实长量取，平行于 Y_1 轴的轴向线段，按实长的一半量取。

例一：图 2-25（a）所示为回转体的两视图。

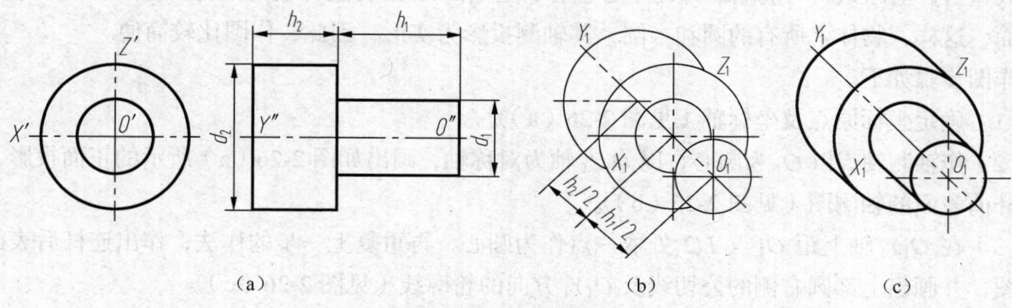

图 2-25　回转体的斜二测图

分析：其前后端面都是圆，可将前后端面放置在与 XOZ 坐标面平行的平面内。

作图步骤如下。

（1）确定坐标原点及坐标轴（见图 2-25（a））。

（2）作轴测轴，沿 O_1Y_1 轴量取尺寸 $h_1/2$ 和 $h_2/2$ 定出各圆的圆心，分别画出前后两圆柱的端面圆（见图 2-25（b））。

（3）作出各圆柱的轮廓切线，擦去多余图线，加深图线完成作品（见图 2-25（c））。

例二：如图 2-26（a）所示的连杆。

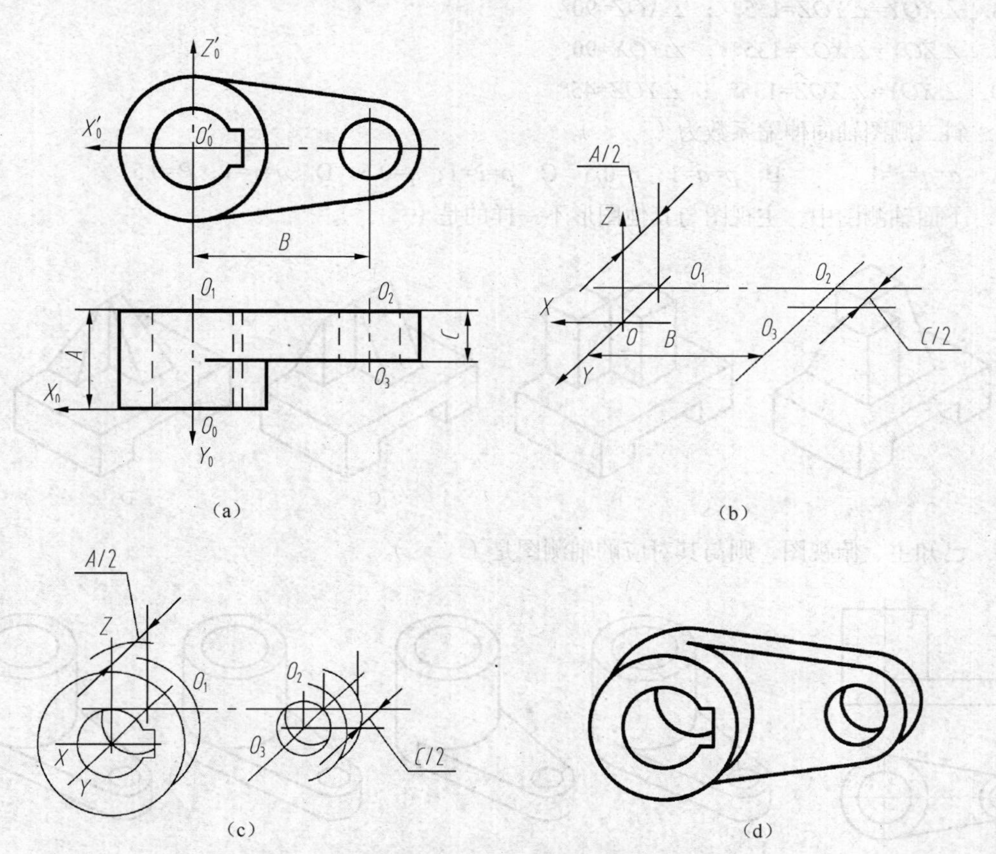

图 2-26　连杆斜二等轴测图画法

分析：连杆上带圆孔的两端面均平行于 XOZ 坐标面。确定直角坐标系时，是坐标轴 OY 与圆孔轴线重合，坐标原点与前端面圆孔中心重合，坐标面 XOZ 与连杆端面平行。选择前端面作轴测投影面，这样，物体上所有的圆和半圆，其轴测投影为实形，因此，作图比较简便。

作图步骤如下。

（1）确定坐标原点及坐标轴（见图 2-26（a））。

（2）作轴测轴，以 O_1 为圆心，以 O_1Z_1 轴为对称轴，画出如图 2-26（a）所示的正面投影，即为连杆前表面的轴测图（见图 2-26（b））。

（3）在 O_1Y_1 轴上距 O_1 点 $L/2$ 处取一点作为圆心，再重复上一步的作法，作出连杆后表面的轴测图，并画出上部圆右侧的公切线及 O_1Y_1 方向的轮廓线（见图 2-26（c））。

（4）擦去不可见轮廓线和多余的作图线，加深图线，即为连杆的斜二等轴测图（见图 2-26（d））。

随堂训练

1. 正等轴测图的轴间角是（　　）。

A. 135°　　B. 45 °　　C. 90°　　D. 120°

2. 斜二测图的轴间角是（　　）。

A. $\angle XOY=\angle XOZ=135°$ ；$\angle YOZ=90°$

B. $\angle XOY=\angle YOZ=135°$ ；$\angle XOZ=90°$

C. $\angle ZOY=\angle XOZ=135°$ ；$\angle YOX=90°$

D. $\angle XOY=\angle XOZ=135°$ ；$\angle YOZ=45°$

3. 斜二测图轴向伸缩系数为（　　）。

A. $p=q=r=1$　　B. $p=q=1$；$r=0.5$　　C. $p=r=1$；$q=0.5$　　D. $q=r=1$；$P=0.5$

4. 下面轴测图中，主视图与其他图形不一样的是（　　）。

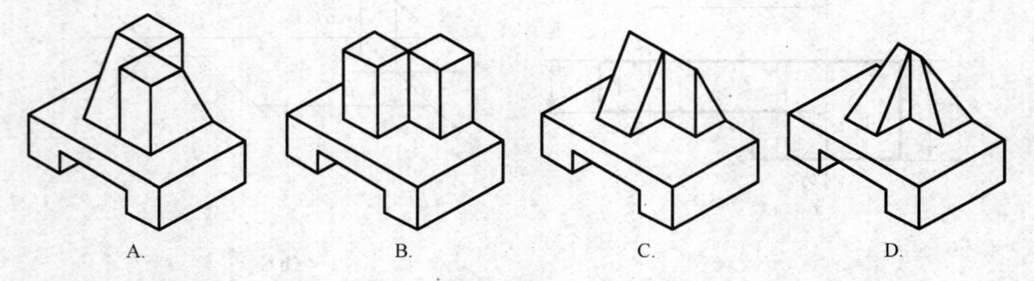

5. 已知主、俯视图，则与其对应的轴测图是（　　）。

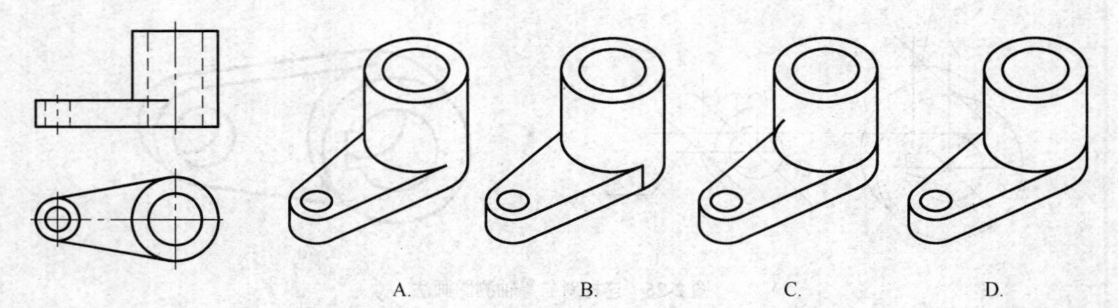

6. 根据轴测图，选择合适的投影方向，用 1：1 的比例画出三视图。

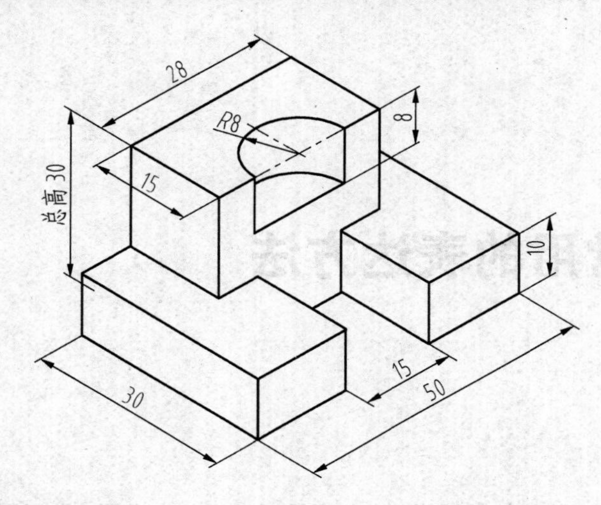

第三章 机件形状常用的表达方法

第一节 视图

视图主要用来表达机件的外部结构形状，视图通常有基本视图、向视图、局部视图和斜视图。

一、基本视图

机件向基本投影面投射所得视图称为基本视图。

在原来的 3 个投影面的基础上，再增加 3 个互相垂直的投影面，从而构成一个正六面体的 6 个侧面，这 6 个侧面为基本投影面。将机件放在正六面体内，分别向各基本投影面投射，所得的视图称为基本视图，如图 3-1 所示。其中，除了前面学过的主视图、俯视图和左视图外，还包括从后面向前投射所得的后视图；从下面向上投射所得的仰视图和从右向左投射所得的右视图。

基本视图的展开方法：*V* 面（即后表面）保持不动，其余各面如图 3-2 所示方向旋转，使之与 *V* 面共面。

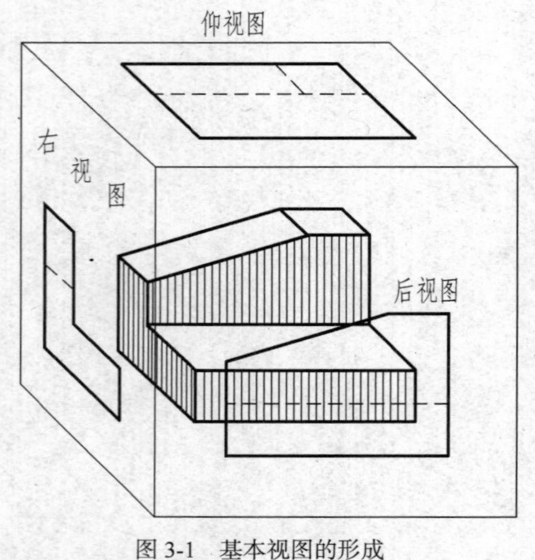

图 3-1　基本视图的形成

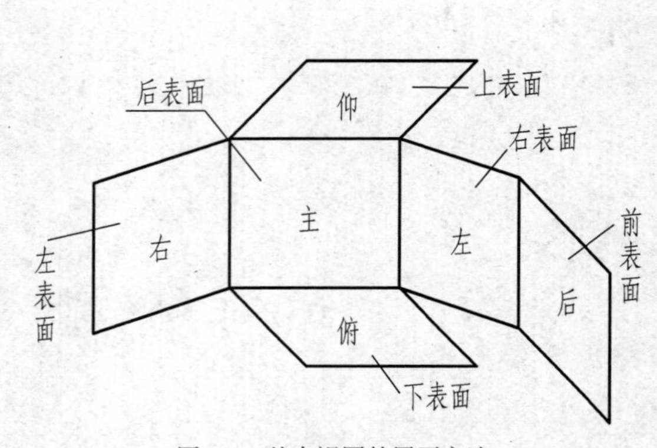

图 3-2　基本视图的展开方法

在同一张图纸内，6 个基本视图按下图所示配置时，一律不标注视图名称。6 个基本视图之间仍满足“长对正、高平齐、宽相等”的投影规律，如图 3-3 所示。另外，主视图与后视图、左视图与右视图、俯视图与仰视图还具有轮廓对称的特点。

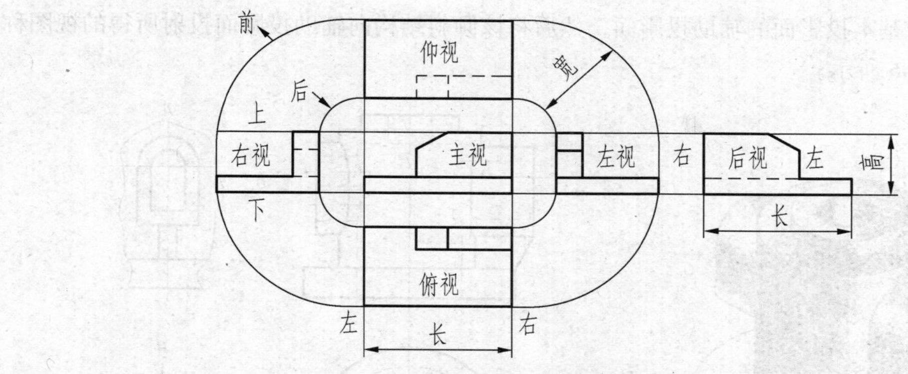

图 3-3　基本视图的配置

二、向视图

在同一张图纸内，6 个基本视图按正常位置配置时，可不标注视图的名称，如果不能按正常位置配置视图时，应在视图的上方标出名称（如“*A*”、“*B*”等），并在相应的视图附近用箭头指明投射方向，注上同样的字母，称为向视图，如图 3-4 所示。

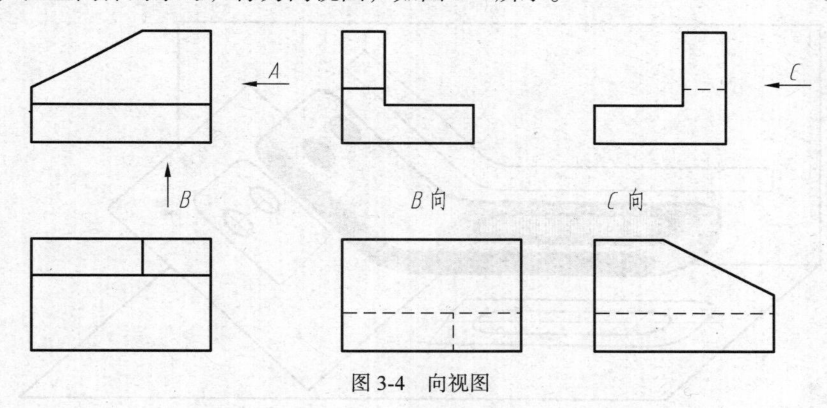

图 3-4　向视图

三、局部视图

将机件的某一部分向基本投影面投射所得的视图称为局部视图。当采用一定数量的基本视图后，该机件上只有部分结构尚未表达清楚，而又没有必要再画出完整的基本视图时，可采用局部视图。如图 3-5 所示的机件，用主、俯两个基本视图已清楚地表达了主体形状，但为了表达左、右两个凸缘形状，再增加左视图和右视图，就显得烦琐和重复，此时可采用两个局部视图，只画出所需表达的左、右凸缘形状，则表达方案既简练又突出了重点。

局部视图的配置、标注及画法如下。

（1）局部视图可按基本视图配置的形式配置，此时可省略标注；也可按向视图配置在其他适当位置，此时需进行标注，即用带字母的箭头标明所要表达的部位和投射方向，并在局部视图的上方标注相应的视图名称，如“*B*”。

（2）局部视图的断裂边界用波浪线。但当所表示的局部结构完整，且其投影的外轮廓线又成封闭时，波浪线可省略不画。波浪线不应超出机件实体的投影范围。

四、斜视图

当机件上有倾斜于基本投影面的结构时，为了表达倾斜部分的实形，可设置一个与倾斜结构平行且垂直于一个基本投影面的辅助投影面，然后将该倾斜结构向辅助投影面投射所得的视图称为斜视图，如图 3-6 所示。

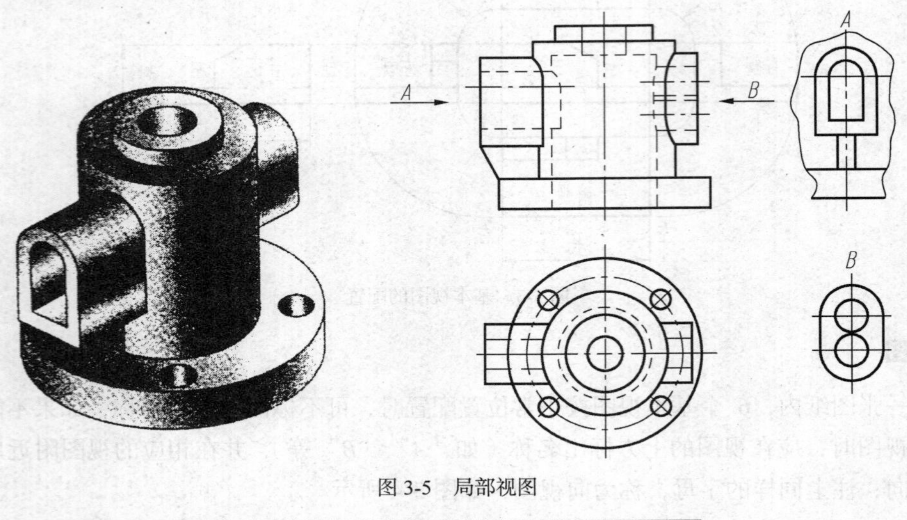

图 3-5　局部视图

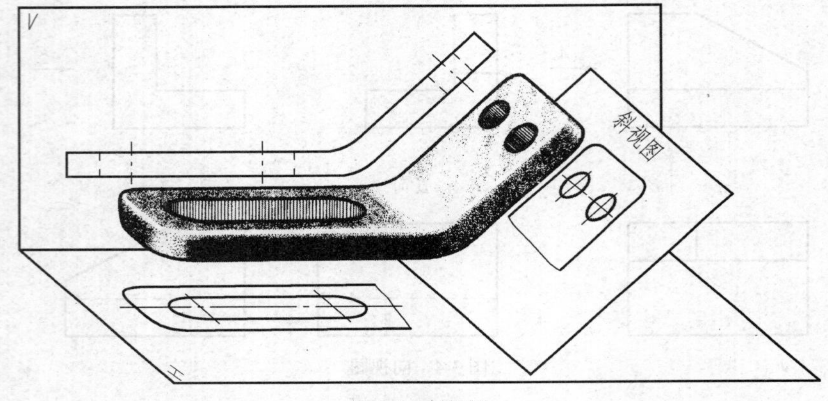

图 3-6　斜视图

画斜视图时，应注意以下两点。

（1）斜视图一般按向视图的配置形式配置并标注，即在斜视图的上方用字母标出视图的名称，在相应的视图附近用带相同字母的箭头指明投射方向，如图 3-7（a）所示。

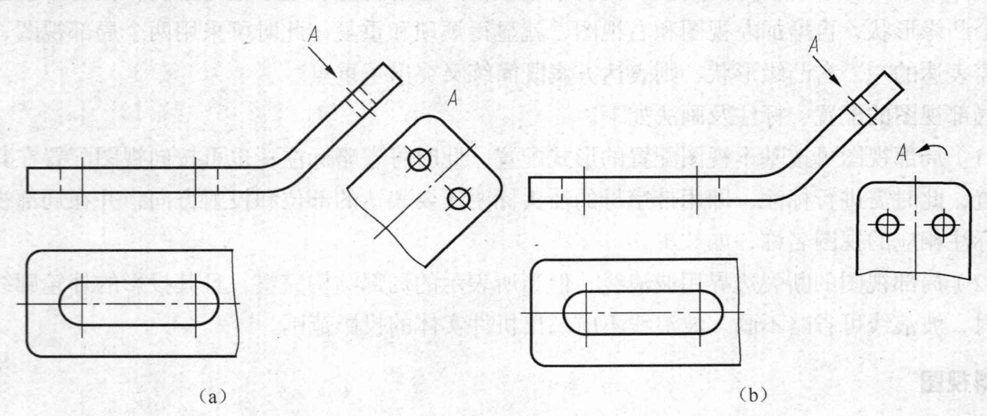

图 3-7　斜视图的标注

（2）在不致引起误解的情况下，从作图方便考虑，允许将图形旋转，这时斜视图应加注旋转符号，如图 3-7（b）所示，旋转符号为半圆形，半径等于字体高度，线宽为字体高度的 1/10 至 1/4。必须注意，表示视图名称的大小写拉丁字母应靠近旋转符号的箭头端。

随堂训练

1. 视图有基本视图、________视图、________视图、________视图 4 种。
2. 已知主、俯视图，则正确的斜视图是（　　）。

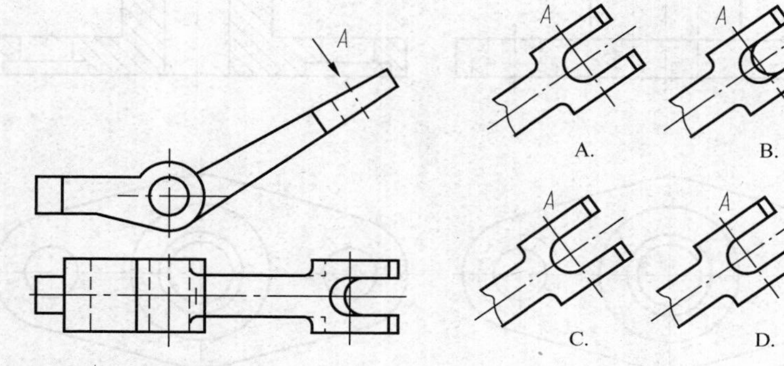

3. 下面 A 向局部视图正确的是（　　）。

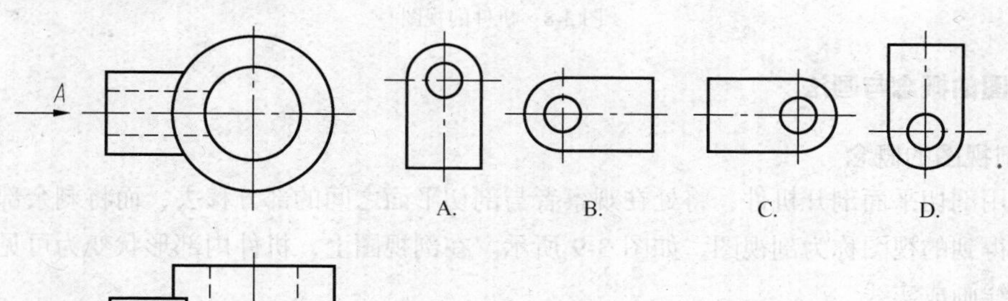

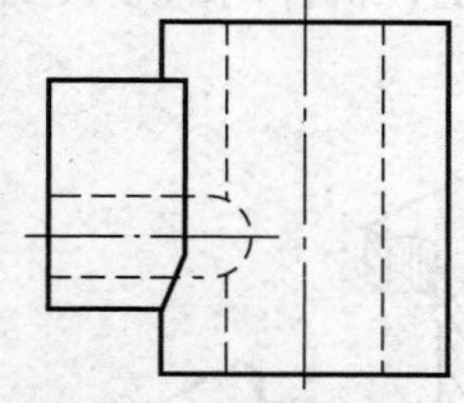

4. 看懂三视图，补画其他 3 个视图

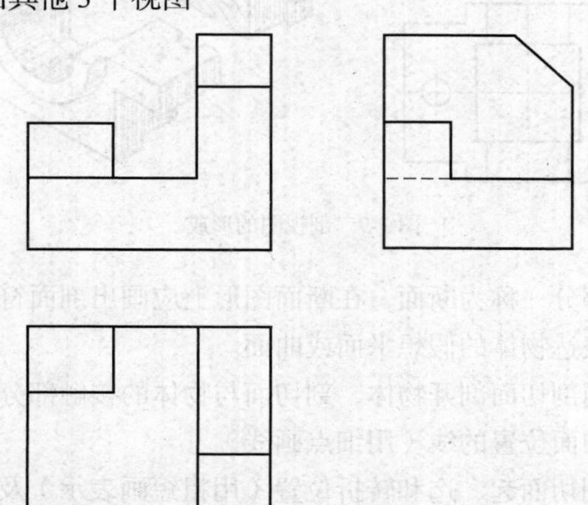

第二节　剖视图

用视图表达机件时，机件内部的结构形状需要用虚线表示，如图 3-8 所示。如果不可见的结构形状越复杂，视图中虚线就越多，这样会使图形不够清晰，既不利于看图，又不便于标注尺寸。为此，机件不可见的内部结构形状常采用剖视图表达。

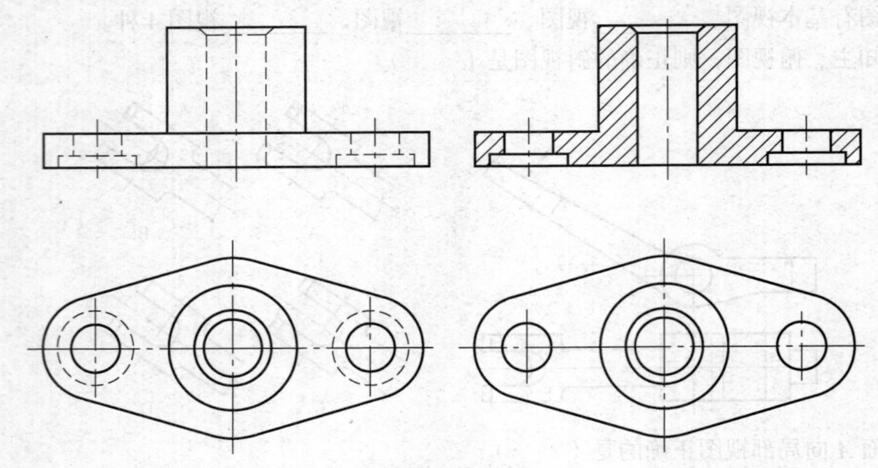

图 3-8　机件的视图

一、剖视图的概念与画法

1. 剖视图的概念

假想用剖切平面剖开机件，将处在观察者与剖切平面之间的部分移去，而将剩余部分向投影面投影所得到的视图称为剖视图，如图 3-9 所示。在剖视图上，机件内部形状变为可见，原来不可见的虚线画成实线。

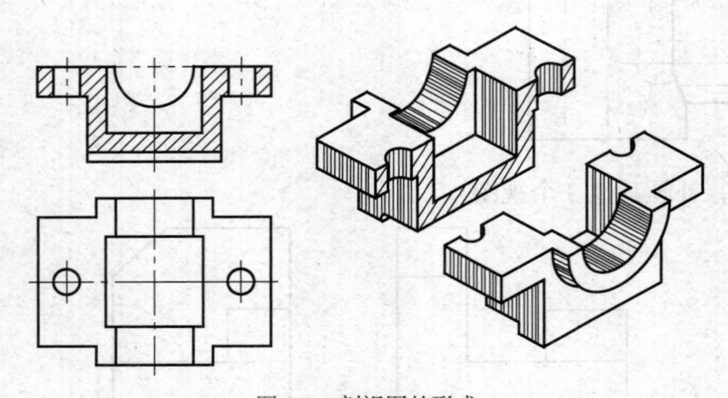

图 3-9　剖视图的形成

剖切面与机件接触的部分，称为断面，在断面图形上应画出剖面符号。

（1）剖切面：剖切被表达物体的假想平面或曲面。

（2）剖面区域：假想用剖切面剖开物体，剖切面与物体的接触部分。

（3）剖切线：指示剖切面位置的线（用细点画线）。

（4）剖切符号：指示剖切面起、迄和转折位置（用粗短画表示）及投影方向（用箭头或粗短画表示）的符号。

2. 剖视图的画法

（1）确定剖切平面的位置。剖切平面一般应通过机件内部的孔、槽等结构的对称面或轴线，且使该平面平行或垂直于某一投影面，以便使剖切后的结构的投影反映实形。如图 3-9 所示的剖切面平行于 V 面。

（2）画剖切后投影轮廓线。当机件剖切后，剖切面处原来不可见的结构变成了可见，即虚线变成了实线。应画出机件在剖切面上的外形轮廓及剖切面后方的可见线、面的投影，如图 3-10 所示。

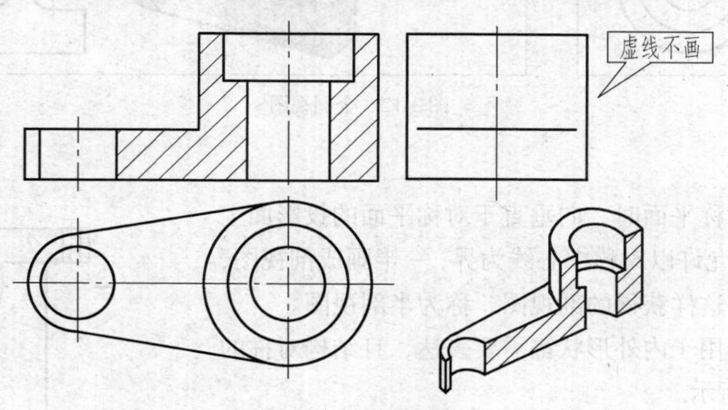

图 3-10　剖视图的画法

（3）画平面符号。在机件的剖面区域上应画出相应的剖面符号以区别剖面区域与非剖面区域。国家标准规定了各种材料的剖面符号。在同一张图样中，同一个机件的所有剖视图的剖面符号应该相同。例如，金属材料的剖面符号，画成与水平线成 45° 角（可向左倾斜，也可向右倾斜）且间隔均匀的细实线。

（4）剖视图的标注。剖视图标注的目的，在于表明剖切平面的位置和数量，以及投影的方向。一般用断开线（粗短线）表示剖切平面的位置，用箭头表示投影方向，用字母表示某处做了剖视，如图 3-11 所示。但当单一剖切平面与机件的对称平面完全重合，且剖切后的剖视图按投影关系配置，中间又没有其他图形隔开时，可以不必标注。

当剖视图按投影关系配置，中间又没有其他图形隔开时，可以省略箭头。

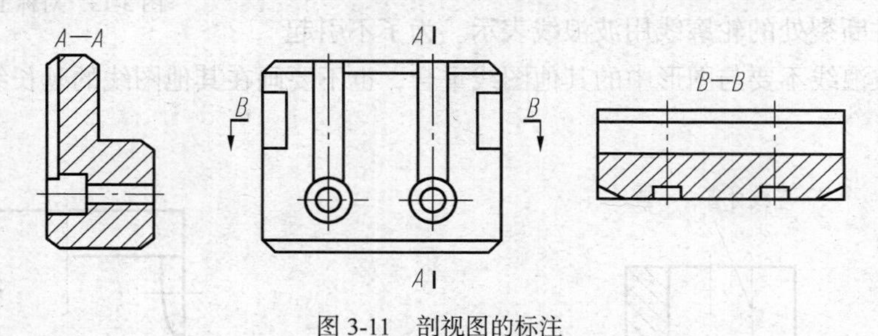

图 3-11　剖视图的标注

二、剖视图的种类

根据机件被剖切范围的大小，剖视图可分为全剖视图、半剖视图和局部剖视图。

1. 全剖视图

用剖切平面完全地剖开机件后所得到的剖视图，称为全剖视图。

全剖视图主要用于表达内部结构形状复杂的不对称机件或外形简单的对称机件。

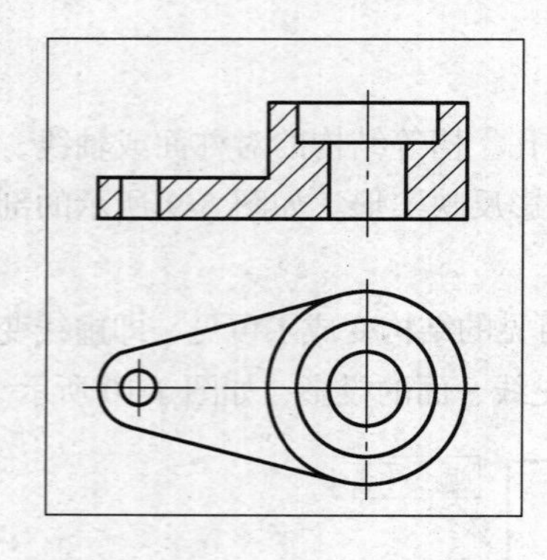

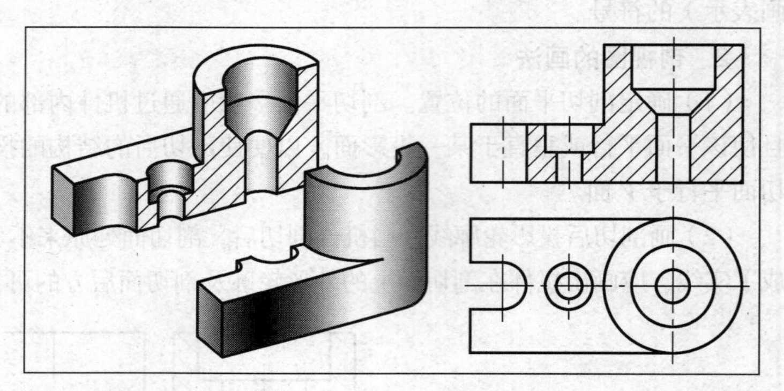

图 3-12　全剖视图

2. 半剖视图

当机件具有对称平面时，向垂直于对称平面的投影面上投射所得的图形，允许以对称中心线为界，一半画成剖视图，另一半画成视图，这样获得的剖视图，称为半剖视图。

半剖视图主要用于内外形状都需要表达，且结构对称的机件，如图 3-13 所示。

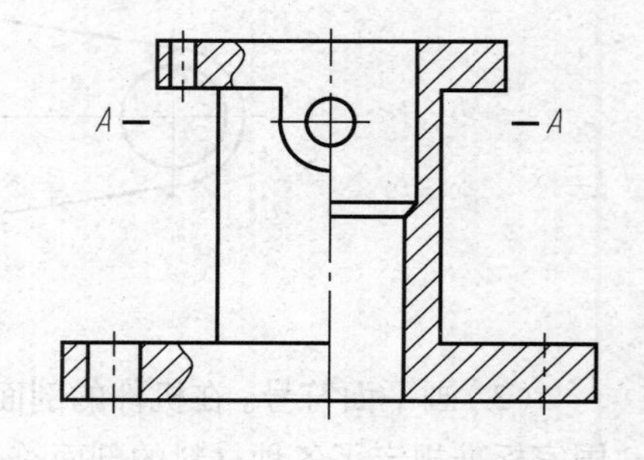

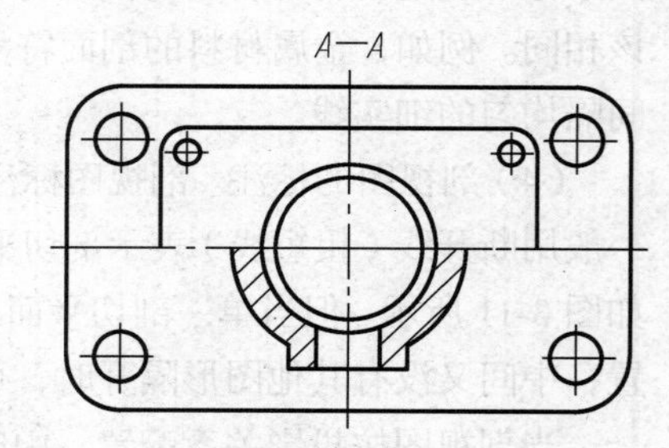

图 3-13　对称工件半剖视图

视图与剖视图的分界线应是对称中心线（细点画线），而不应画成粗实线，也不应与轮廓线重合；机件的内部形状在半剖视图中已表达清楚，在另一半视图上就不必再画出虚线，如图 3-14 所示，但对于孔或槽等，应画出中心线的位置。当机件的形状接近于对称，且不对称部分已另有图形表达清楚时，也可以画成半剖视图，如图 3-15 所示。

3. 局部剖视图

当机件尚有部分内部结构形状未表达清楚，但又没有必要作全剖视或不适合于作半剖视时，可用剖切平面局部地剖开机件，所得的剖视图称为局部剖视图，如图 3-16 所示。局部剖切后，机件断裂处的轮廓线用波浪线表示。为了不引起读图的误解，波浪线不要与图形中的其他图线重合，也不要画在其他图线的延长线上，如图 3-17 所示。

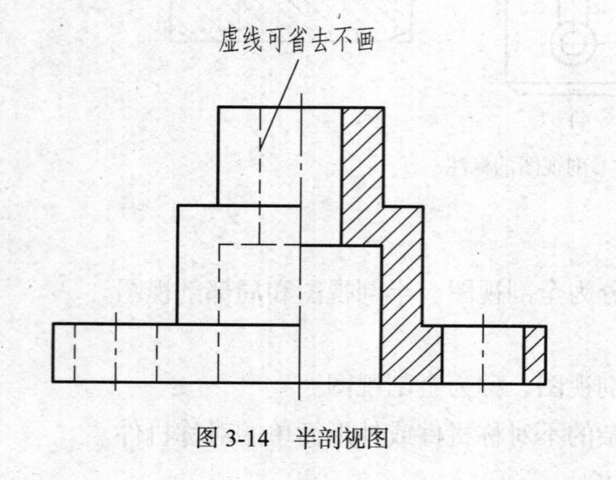

图 3-14　半剖视图

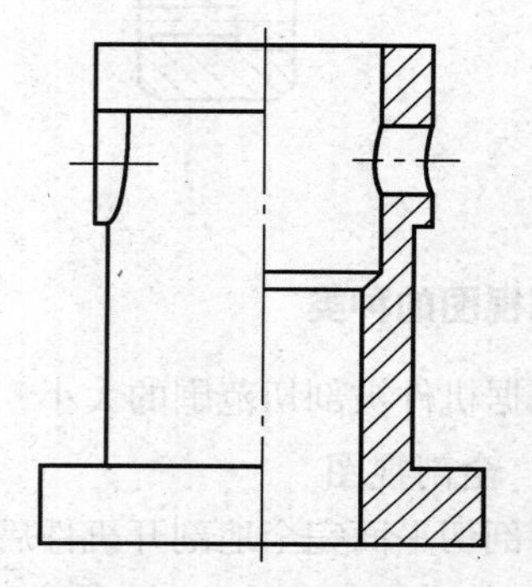

图 3-15　不对称工件半剖视图

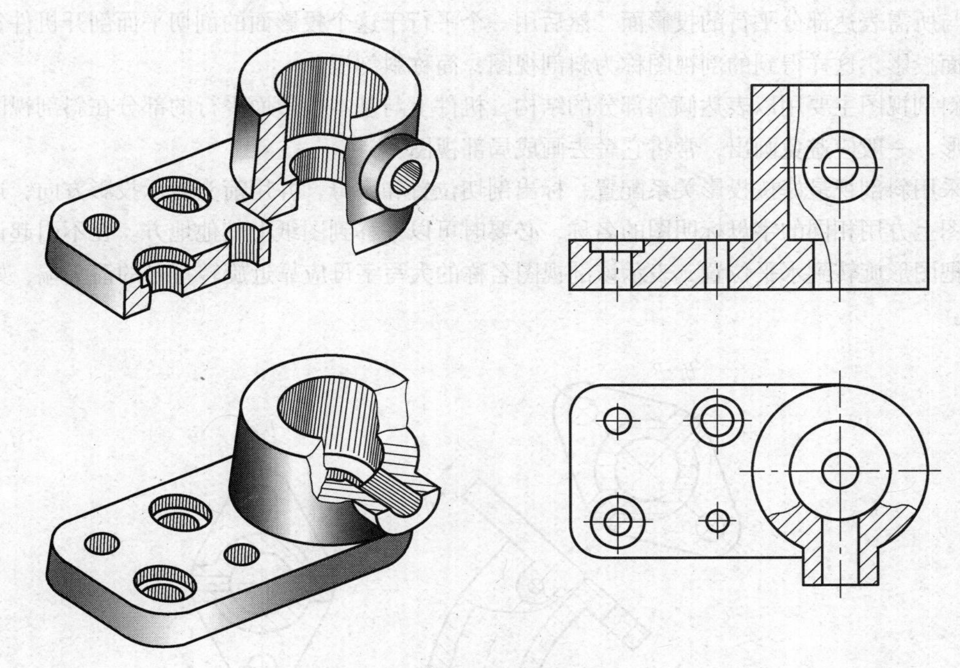

图 3-16 机件的局部剖视图

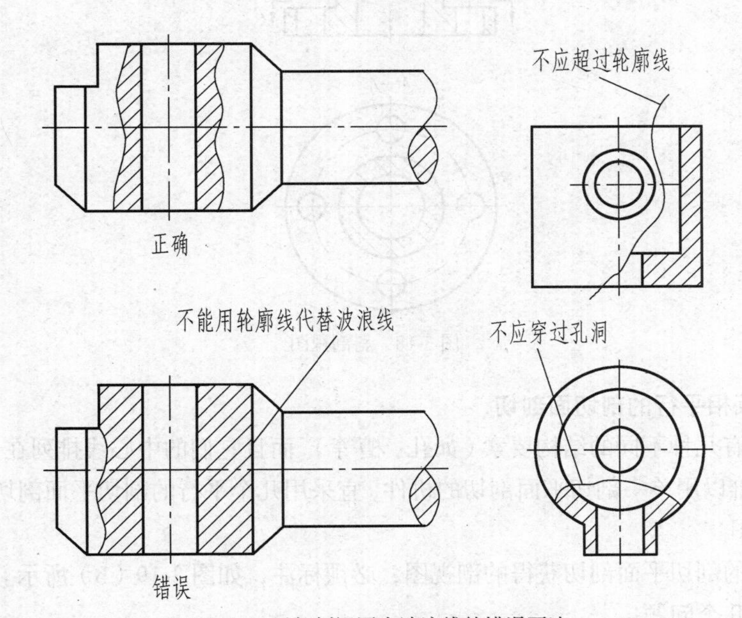

图 3-17 局部剖视图中波浪线的错误画法

三、剖视面的种类

1. 单一剖切面

仅用一个剖切平面剖开机件称为单一剖。

单一剖切面用得最多的是投影面的平行面，前面所举图例中的剖视图大都是用这种平面剖切得到的。

当机件上有倾斜部分的内部结构需要表达时，可和画斜视图一样，选择一个垂直于基本投影面且与所需表达部分平行的投影面，然后用一个平行于这个投影面的剖切平面剖开机件，向这个投影面投影，这样得到的剖视图称为斜剖视图，简称斜剖视。

斜剖视图主要用以表达倾斜部分的结构，机件上与基本投影面平行的部分在斜剖视图中不反映实形，一般应避免画出，常将它舍去画成局部视图。

采用斜剖视最好按投影关系配置，标出剖切位置和字母，并用箭头表示投影方向，还要在该斜视图上方用相同的字母标明图的名称，必要时可以平移到图纸上其他地方。在不引起误解时，还可把图形旋转到水平位置，表示该剖视图名称的大写字母应靠近旋转符号的箭头端，如图 3-18 所示。

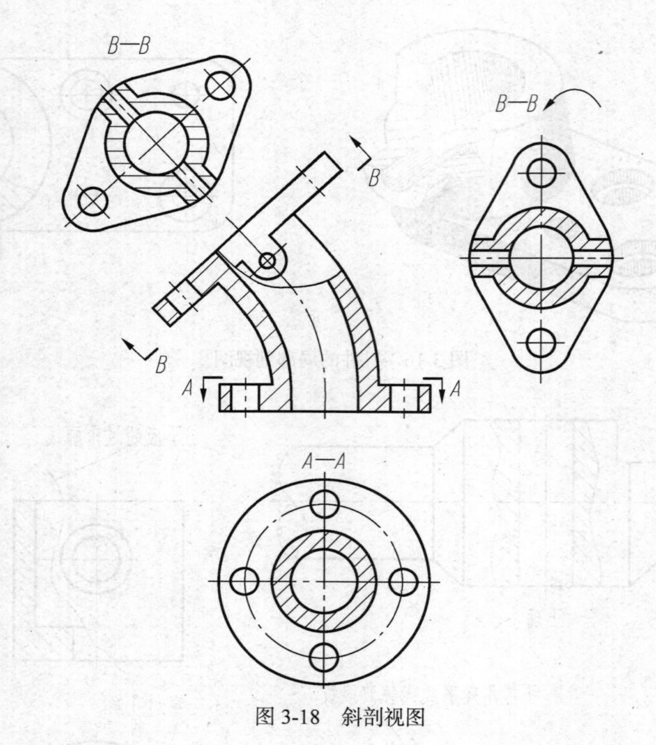

图 3-18　斜剖视图

2. 用几个互相平行的剖切面剖切

当机件上具有几种不同的结构要素（如孔、槽等），而且它们的中心线排列在几个互相平行的平面上时，因而难以用单一剖切平面剖切的机件，宜采用几个平行的剖切平面剖切，如图 3-19（a）中的 *A—A* 剖视图。

用几个平行的剖切平面剖切获得的剖视图，必须标注，如图 3-19（b）所示。

应注意如下几个问题。

（1）不应画出剖切平面转折处的分界线，如图 3-19（c）中的主视图。

（2）剖切平面的转折处不应与轮廓线重合；转折处如因位置有限，且不会引起误解时，可以不注写字母。

（3）剖视图中不应出现不完整结构要素。只有当两个要素在图形上具有公共对称中心线或轴线时，可以各画一半，合并成一个剖视图，如图 3-20 所示。

3. 用几个相交的剖切面剖切

当机件的内部结构形状用一个剖切平面不能表达完全，且这个机件在整体上又具有回转轴时，可用两个相交的剖切平面剖开，这种剖切方法称为旋转剖。如图 3-21 所示的俯视图为旋转剖切后所画出的全剖视图。采用旋转剖面剖视图时，首先把由倾斜平面剖开的结构连同有关部分旋转到与选定的基本投影面平行，然后进行投影，使剖视图既反映实形又便于画图。

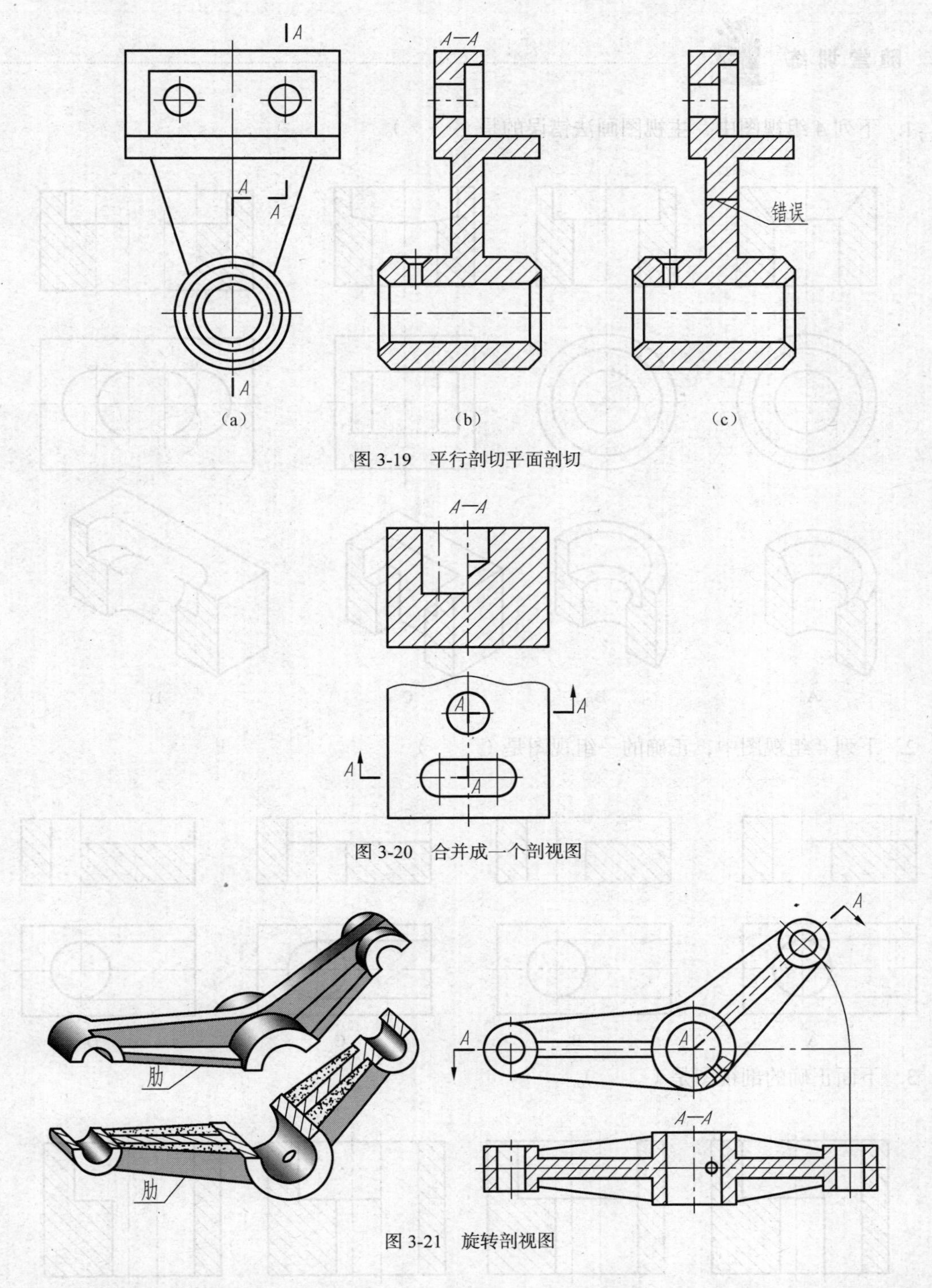

图 3-19 平行剖切平面剖切

图 3-20 合并成一个剖视图

图 3-21 旋转剖视图

用相交的剖切平面剖切获得的剖视图，必须标注，如图 3-21 所示。剖切符号的起、止及转折处应用相同的字母标注，但当转折处地方有限又不致引起误解时，允许省略字母。

应注意的是，凡没有被剖切平面剖到的结构，应按原来的位置投射。如图 3-21 所示机件上的小圆孔，其俯视图即是按原来位置投射画出的。

随堂训练

1. 下列 4 组视图中，主视图画法错误的是（　　）。

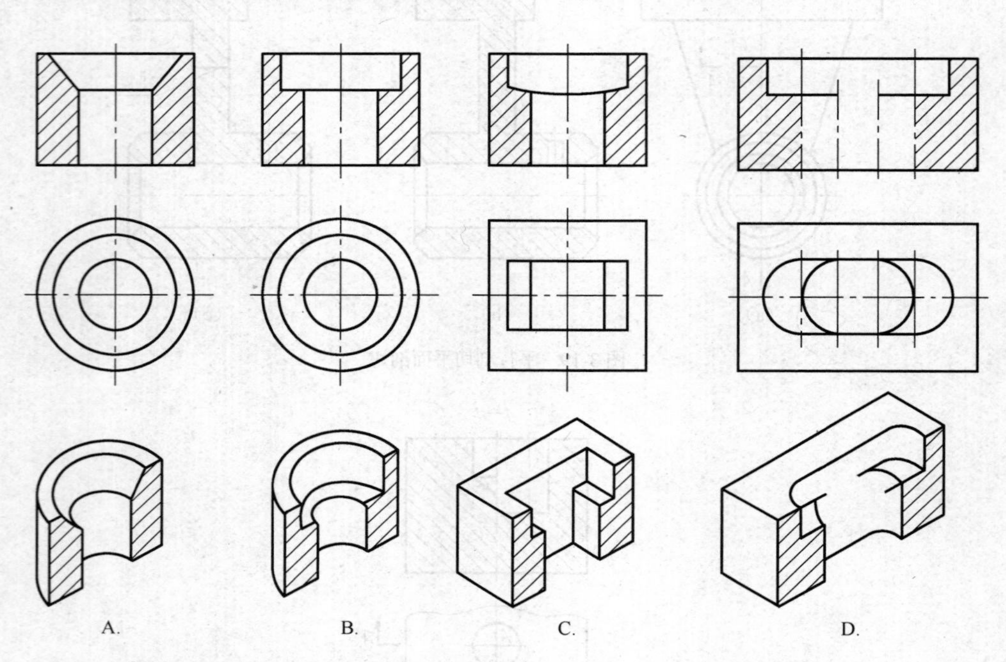

2. 下列 4 组视图中，正确的一组视图是（　　）。

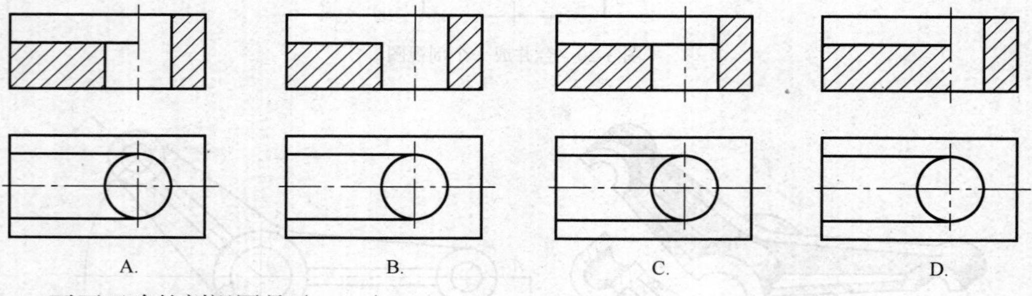

3. 下面正确的剖视图是（　　）。

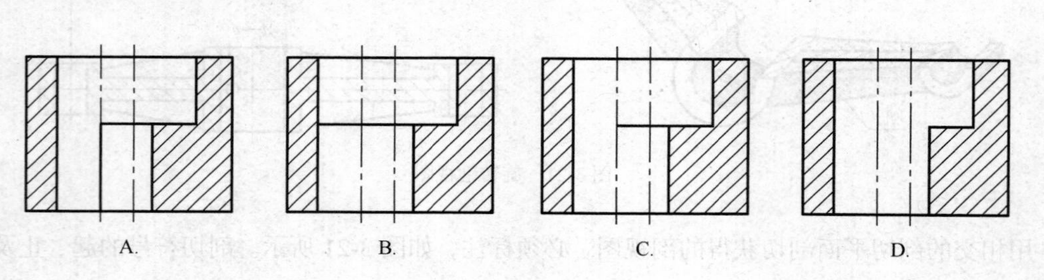

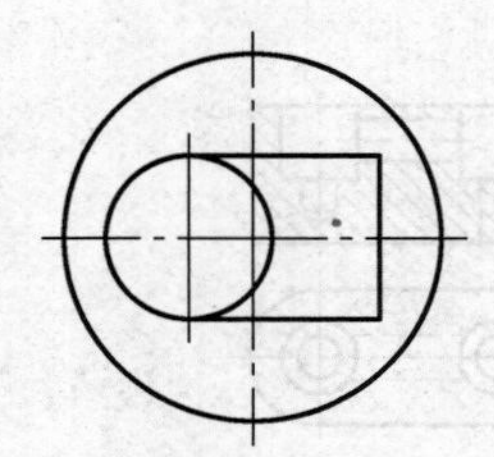

4. 已知主、俯视图，正确的左视图是（　　）。

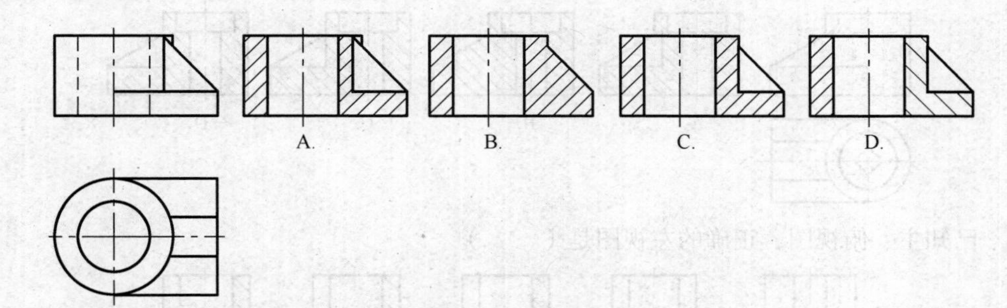

5. 已知俯视图，则与其对应的全剖主视图是（　　）。

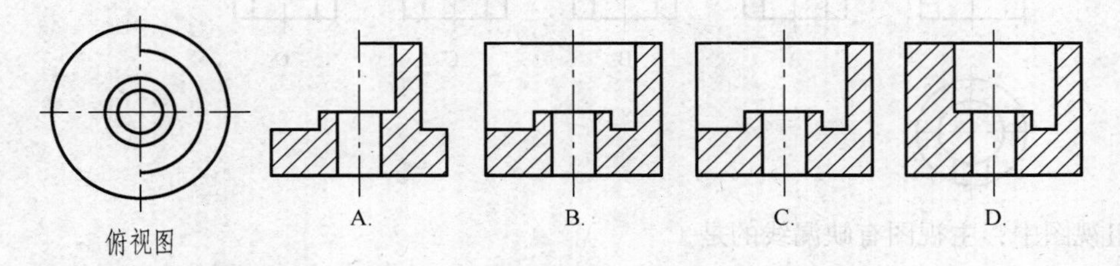

6. 已知俯视图，则与其对应的全剖主视图是（　　）。

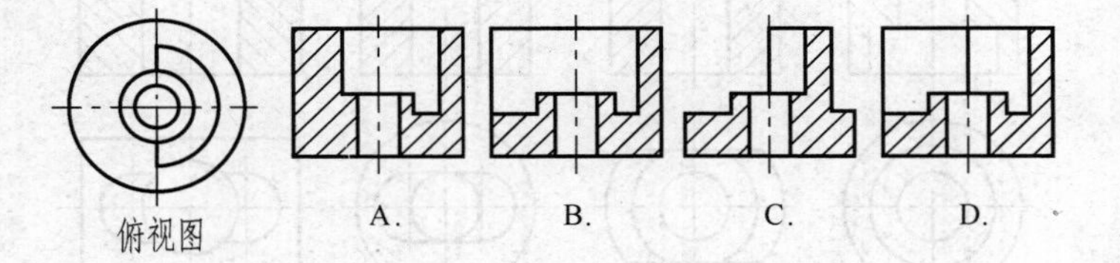

7. 已知主、俯视图，正确的左视图是（　　）。

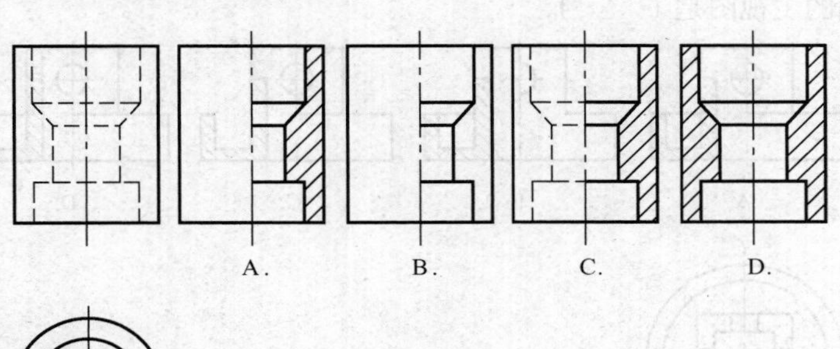

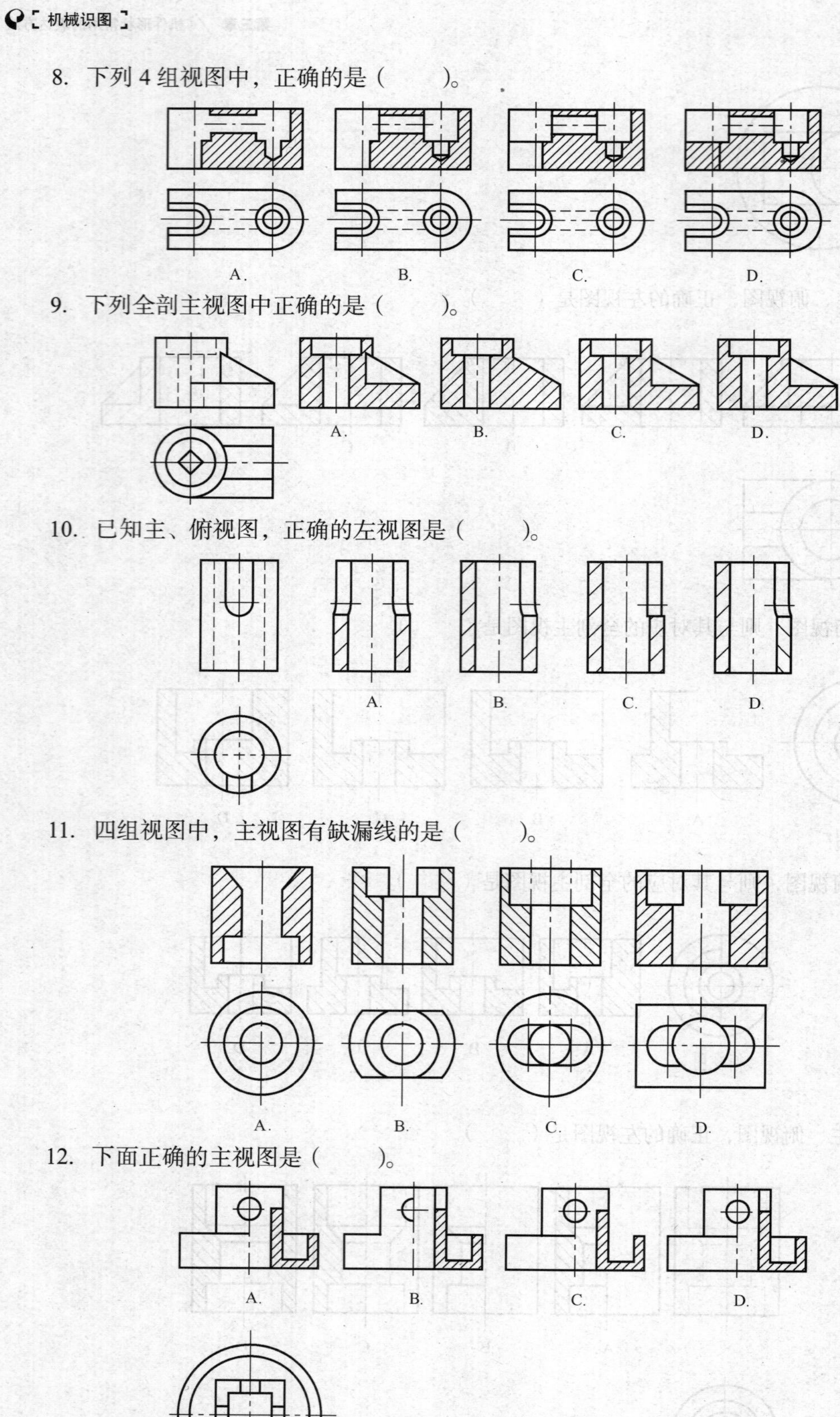

8. 下列 4 组视图中，正确的是（　　）。

A.　B.　C.　D.

9. 下列全剖主视图中正确的是（　　）。

A.　B.　C.　D.

10. 已知主、俯视图，正确的左视图是（　　）。

A.　B.　C.　D.

11. 四组视图中，主视图有缺漏线的是（　　）。

A.　B.　C.　D.

12. 下面正确的主视图是（　　）。

A.　B.　C.　D.

13. 已知两视图，正确的半剖主视图是（　　）。

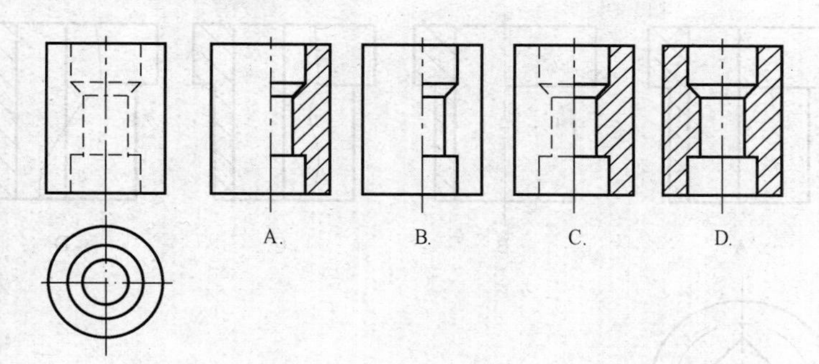

14. 下列图中正确的主视图是（　　）。

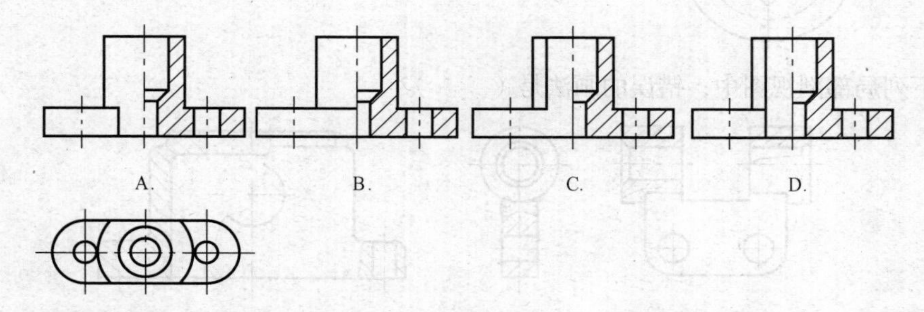

15. 下列四组视图中正确的是（　　）。

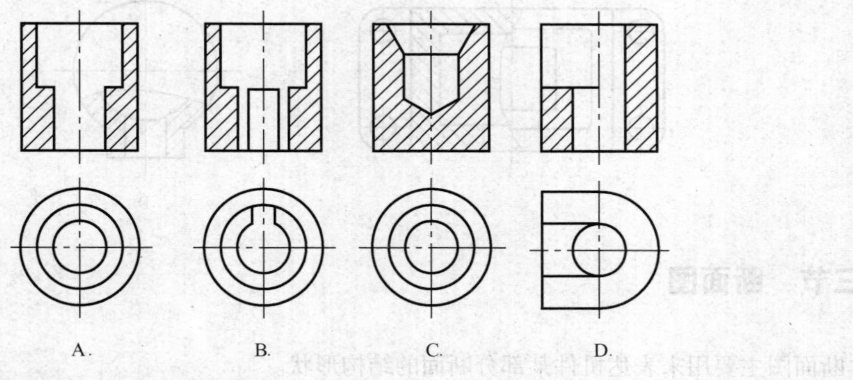

16. 下列局部剖视图中，正确的画法是（　　）。

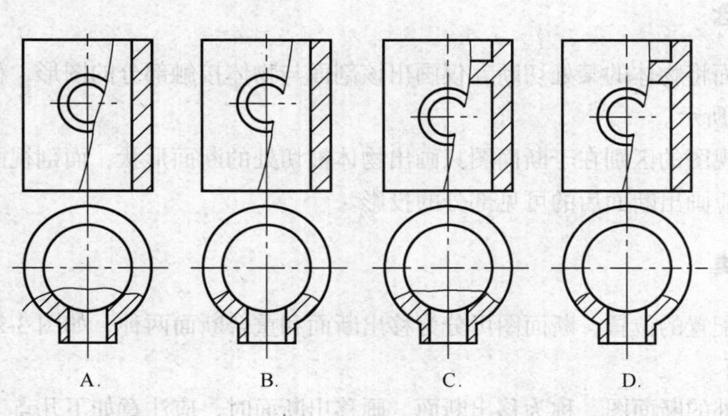

17. 下列主视图中表达方法正确的是（　　）。

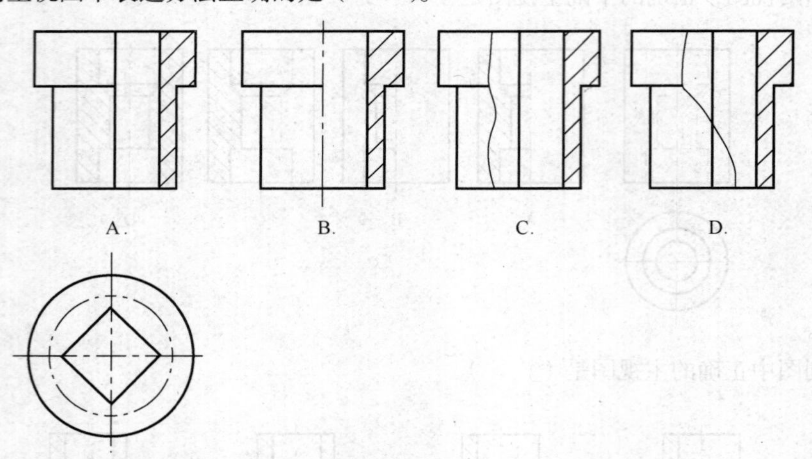

18. 下列局部剖视图中，错误的画法是（　　）。

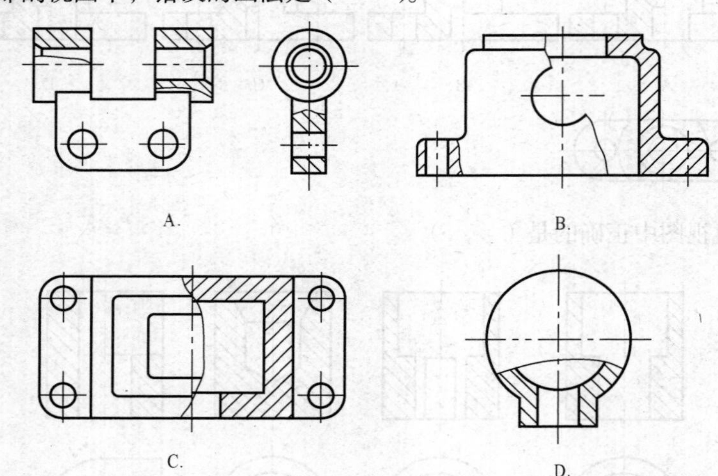

第三节　断面图

断面图主要用来表达机件某部分断面的结构形状。

一、断面图的概念

假想用剖切面将物体的某处切断，仅画出该剖面与物体接触部分的图形，称为断面图，简称断面，如图 3-22 所示。

断面图与剖视图的区别在于断面图只画出物体被切处的断面形状，而剖视图除了画出物体断面形状之外，还应画出断面后的可见部分的投影。

二、断面图的种类

根据断面图配置的位置，断面图可分为移出断面和重合断面两种，如图 3-23 所示。

1. 移出断面

画在视图之外的断面图，称为移出断面。画移出断面时，应注意如下几点。

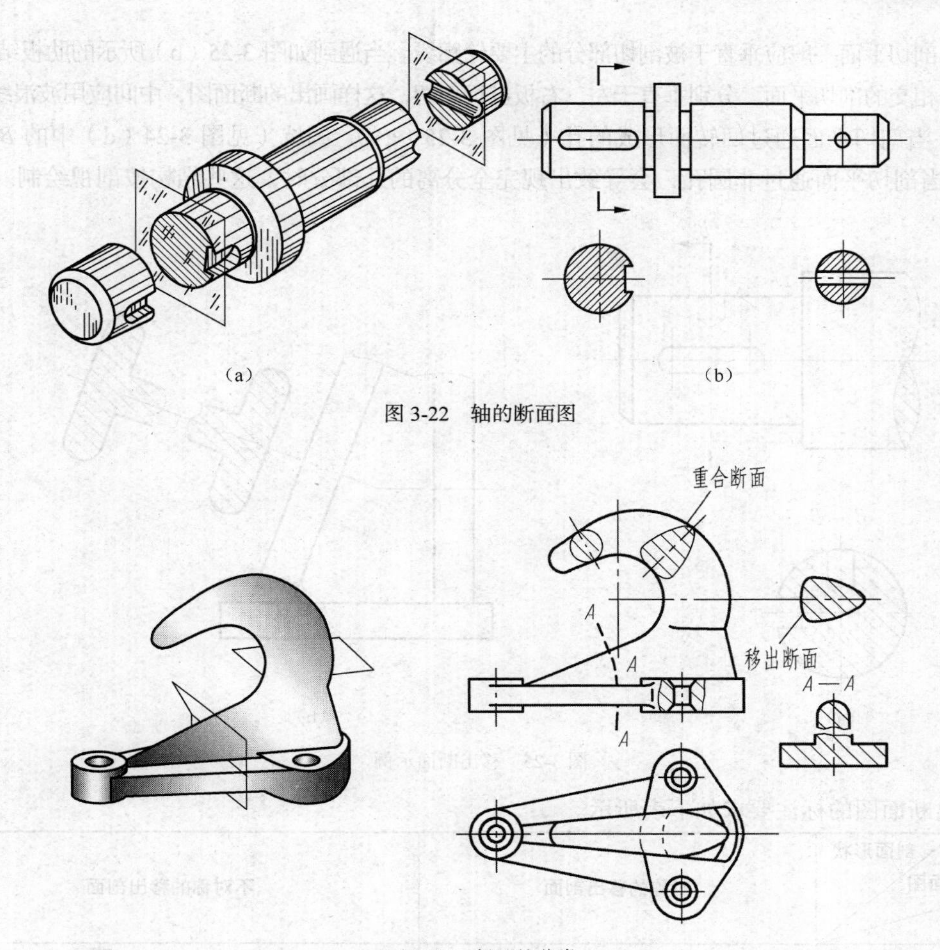

图 3-22　轴的断面图

图 3-23　断面的分类

（1）移出断面的轮廓线用粗实线绘制。

（2）为了看图方便，移出断面应尽量画在剖切线的延长线上，如图 3-24（b）、（c）所示。必要时，也可配置在其他适当位置，如图 3-24（a）、（d）所示，也可按投影关系配置。

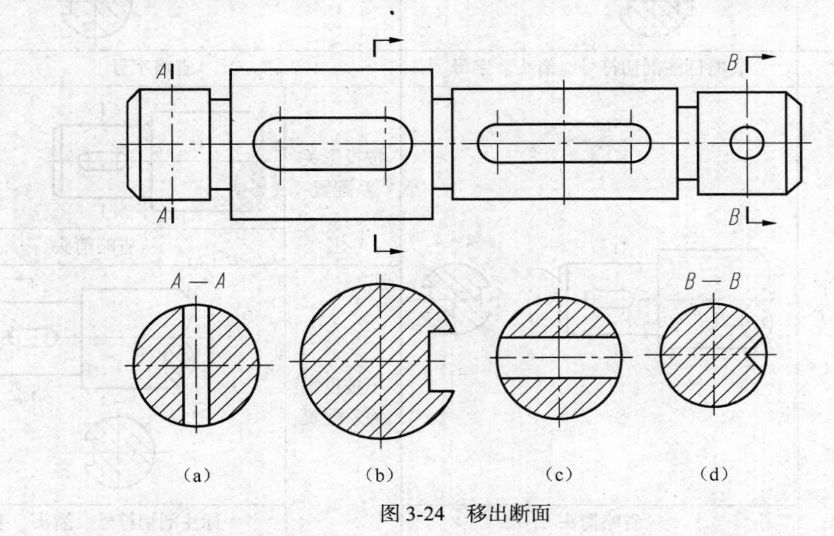

图 3-24　移出断面

（3）剖切平面一般应垂直于被剖切部分的主要轮廓线。当遇到如图 3-25（b）所示的肋板结构时，可用两个相交的剖切平面，分别垂直于左、右板进行剖切，这样画出的断面图，中间应用波浪线断开。

（4）当剖切平面通过回转面形成的孔（见图 3-25（a））、凹坑（见图 3-24（d）中的 *B*—*B* 断面），或当剖切平面通过非圆孔，会导致出现完全分离的几部分时，这些结构按剖视绘制。

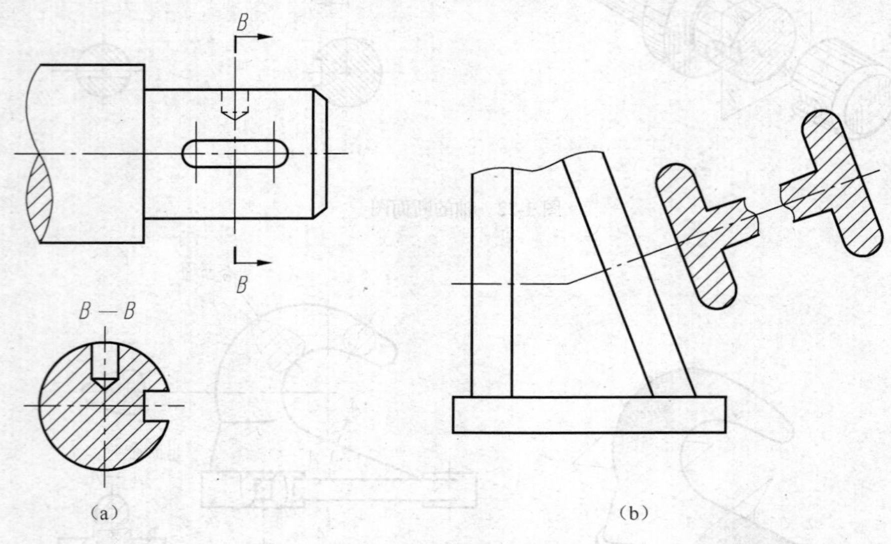

图 3-25　移出断面示例

移出断面图的标注要求如下表所示。

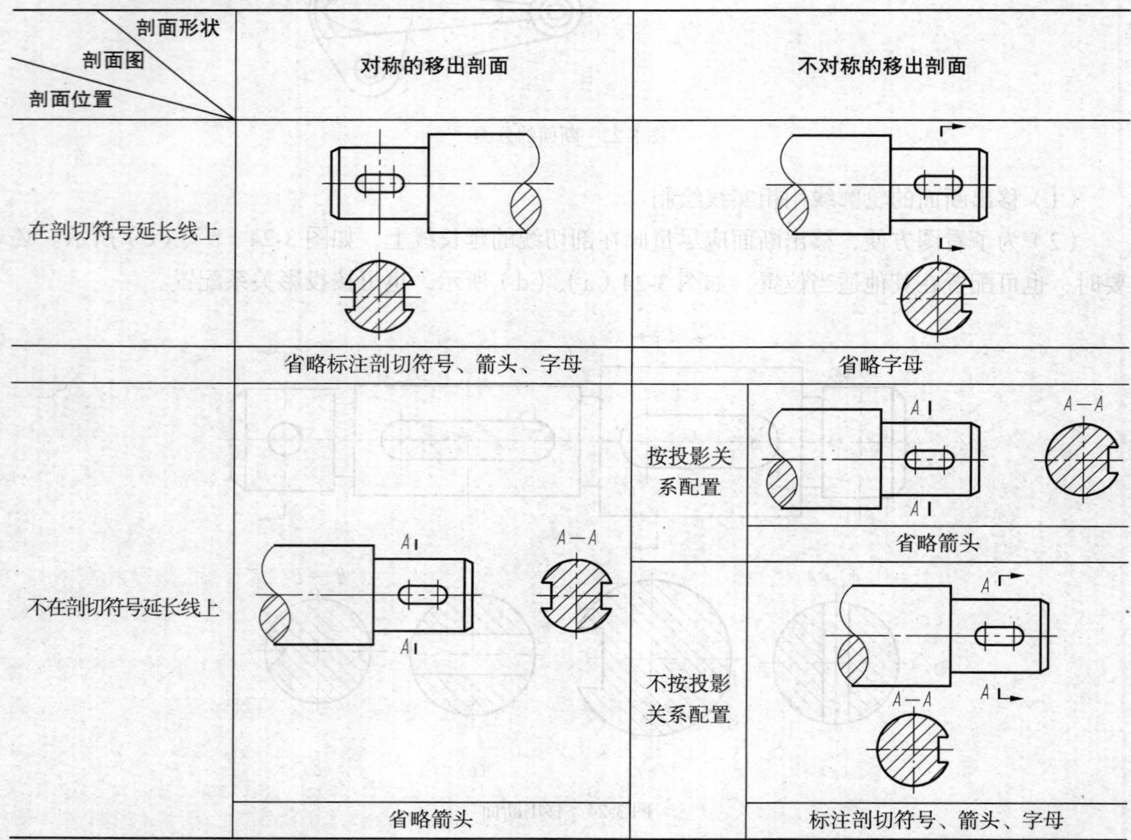

剖面形状 / 剖面图 / 剖面位置	对称的移出剖面	不对称的移出剖面	
在剖切符号延长线上	省略标注剖切符号、箭头、字母	省略字母	
不在剖切符号延长线上	A A A—A 省略箭头	按投影关系配置	A A A—A 省略箭头
		不按投影关系配置	A A A—A 标注剖切符号、箭头、字母

2. 重合断面

画在视图轮廓线内部的断面称为重合断面。

重合断面的轮廓线用细实线绘制，当视图中的轮廓线与重合断面的图形重叠时，视图中的轮廓线仍需完整地画出，不能间断，如图 3-26 所示。

不对称重合断面，可省略标注字母。对称的重合断面，可省略全部标注。

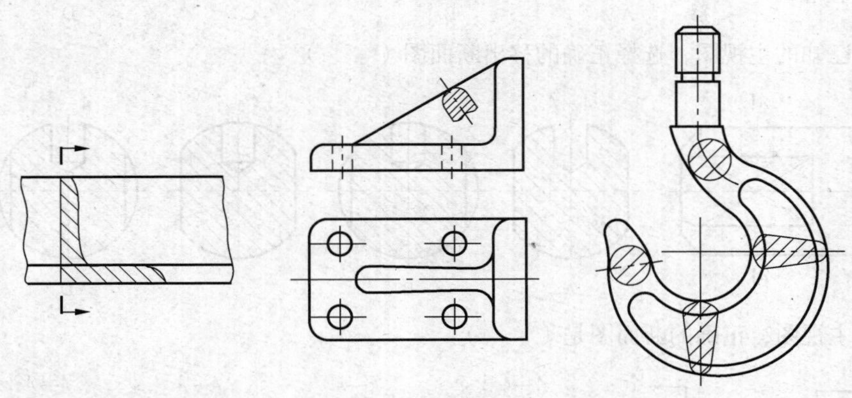

图 3-26　重合断面图

随堂训练 

1. 断面图分________断面和________断面两种。

2. 选择正确的移出断面图（　　）。

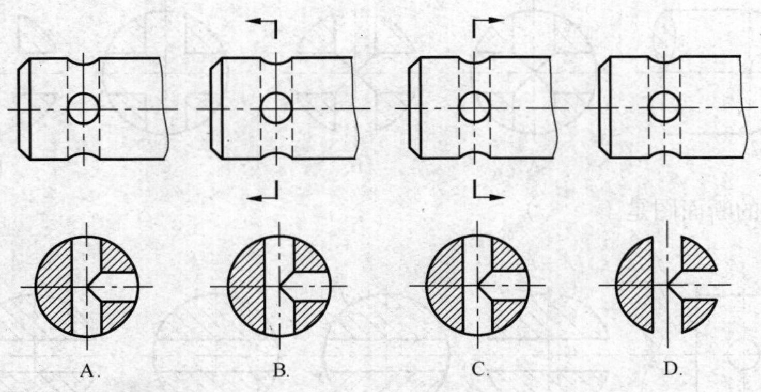

3. 正确的 $A—A$ 移出断面图是（　　）。

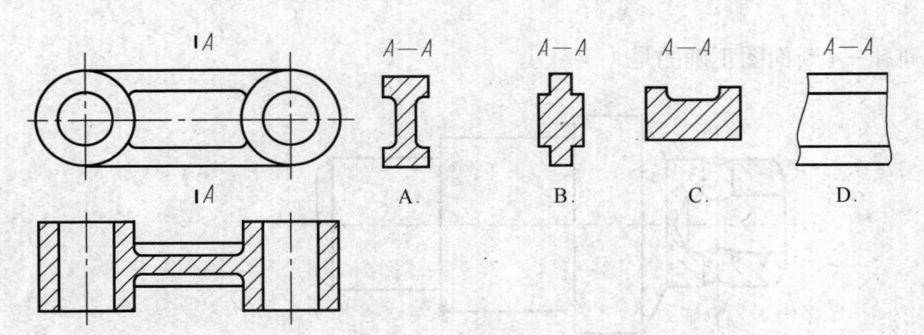

4. 下面剖面图中正确的键槽尺寸注法是（　　）。

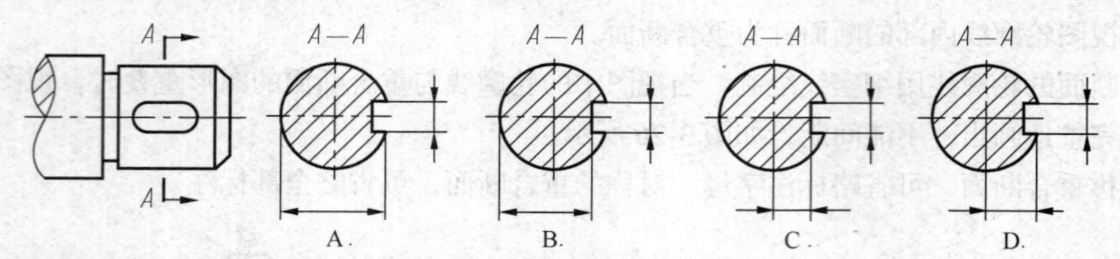

5. 根据已知的主视图，选择正确的移出断面图（　　）。

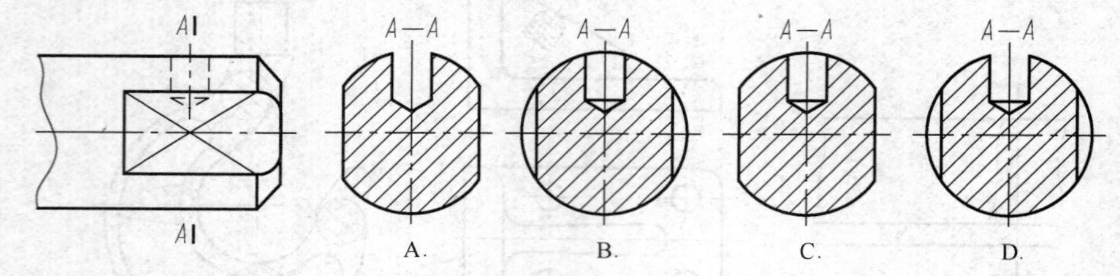

6. 已知主视图，正确的断面图是（　　）。

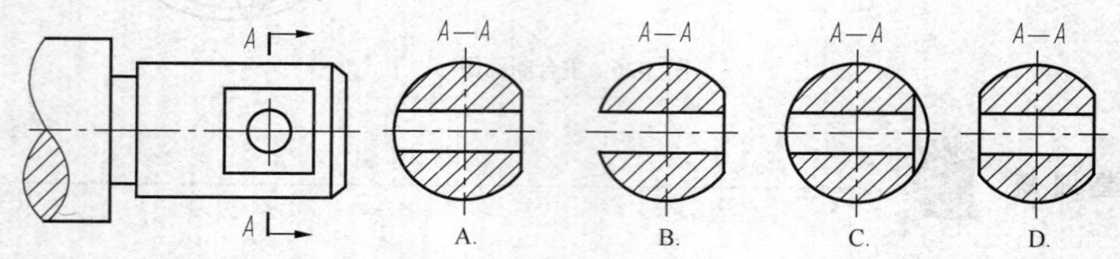

7. 下列图中，正确的 *A—A* 断面图是（　　）。

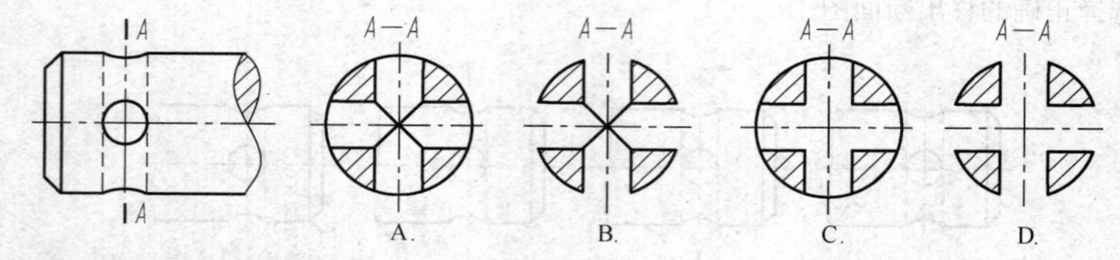

8. 下面正确的断面图是（　　）。

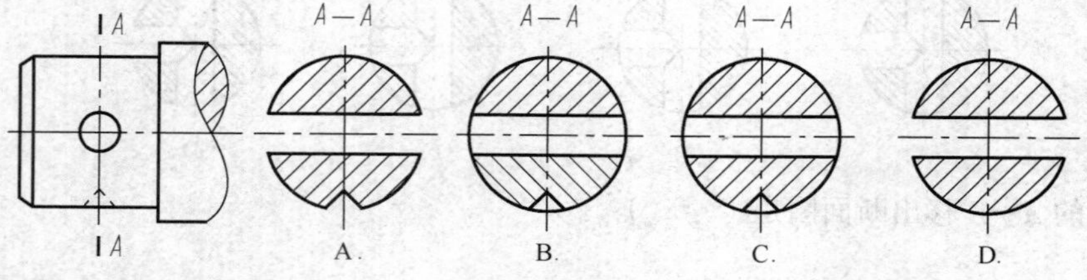

9. 下列 *A—A* 断面图正确的是（　　）。

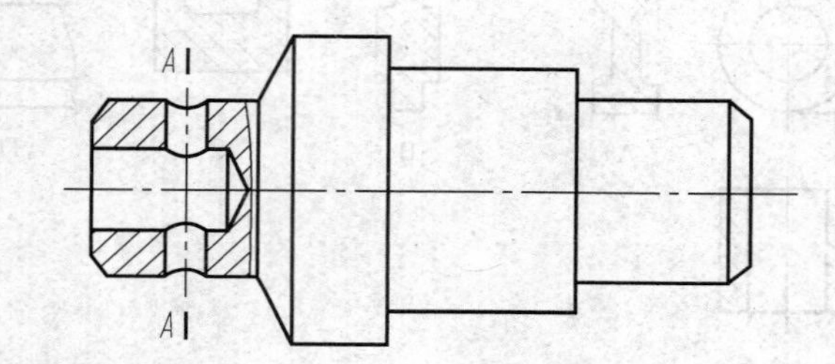

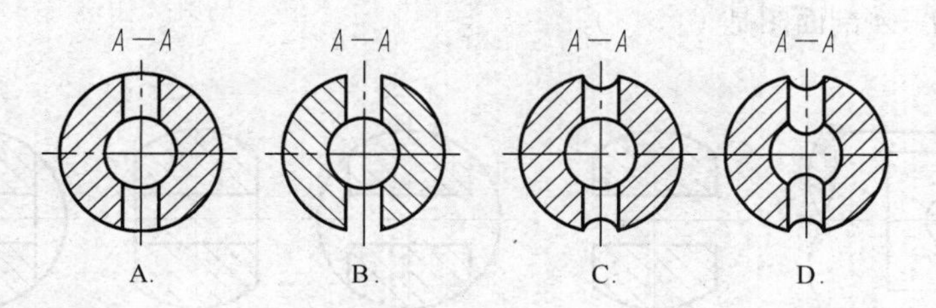

10. 选择正确的移出断面图（　　）。

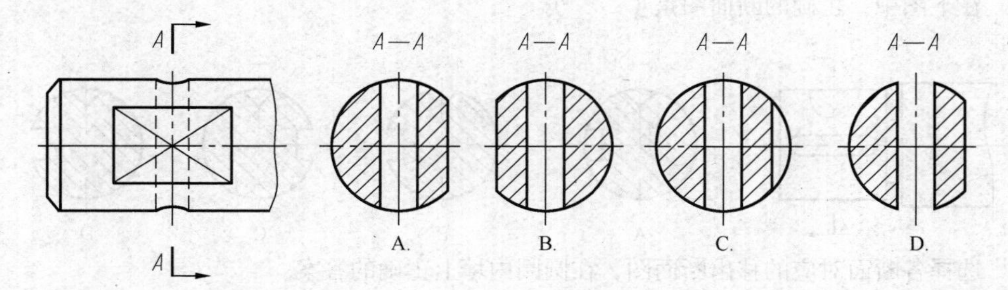

11. 选择正确的移出断面图（　　）。

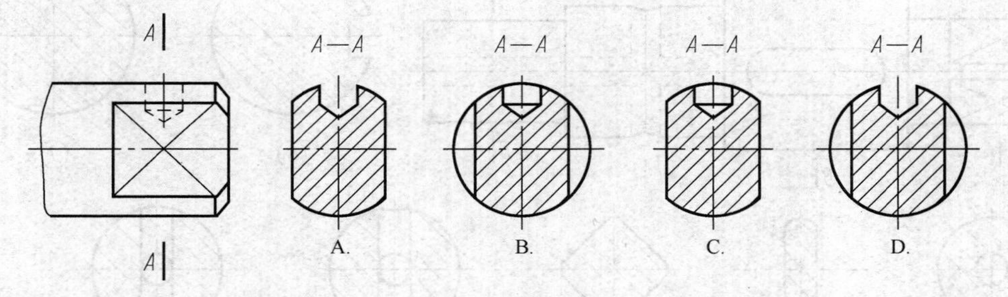

12. 判断 *B*—*B* 断面图，正确的答案是（　　）。

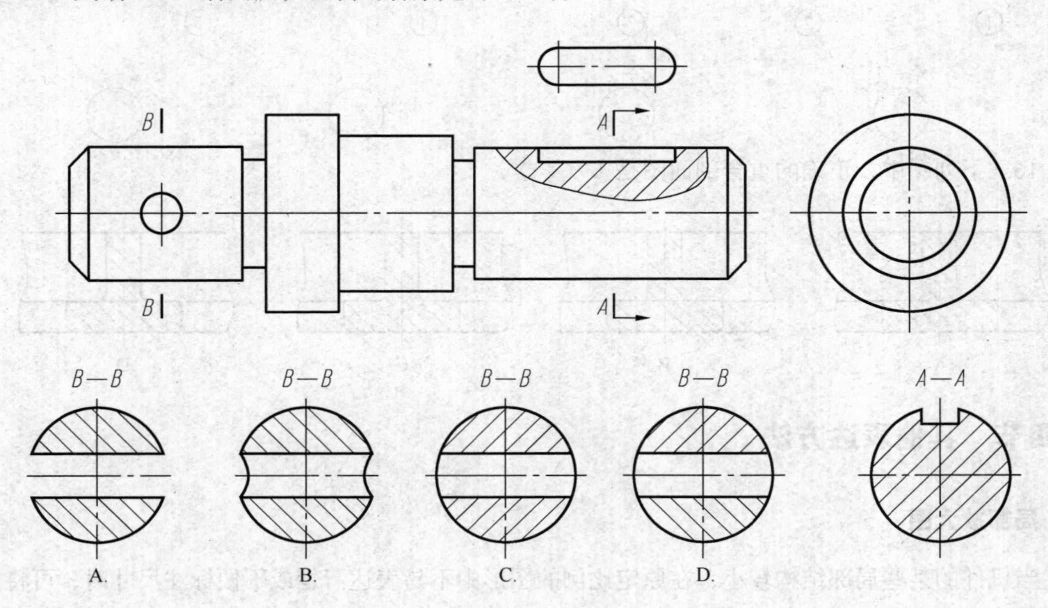

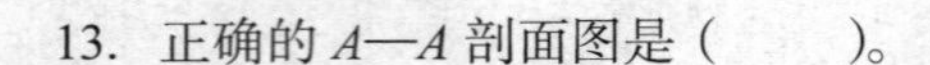

13. 正确的 *A—A* 剖面图是（　　）。

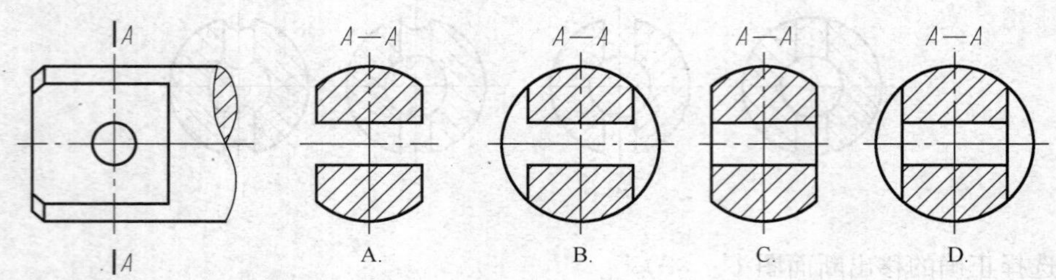

14. 在下图中，正确的断面图是（　　）。

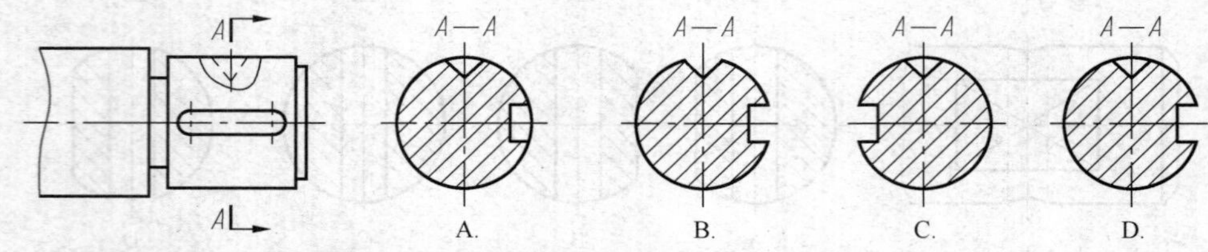

15. 选择各断面对应的移出断面图，在圆圈内填上正确的答案。

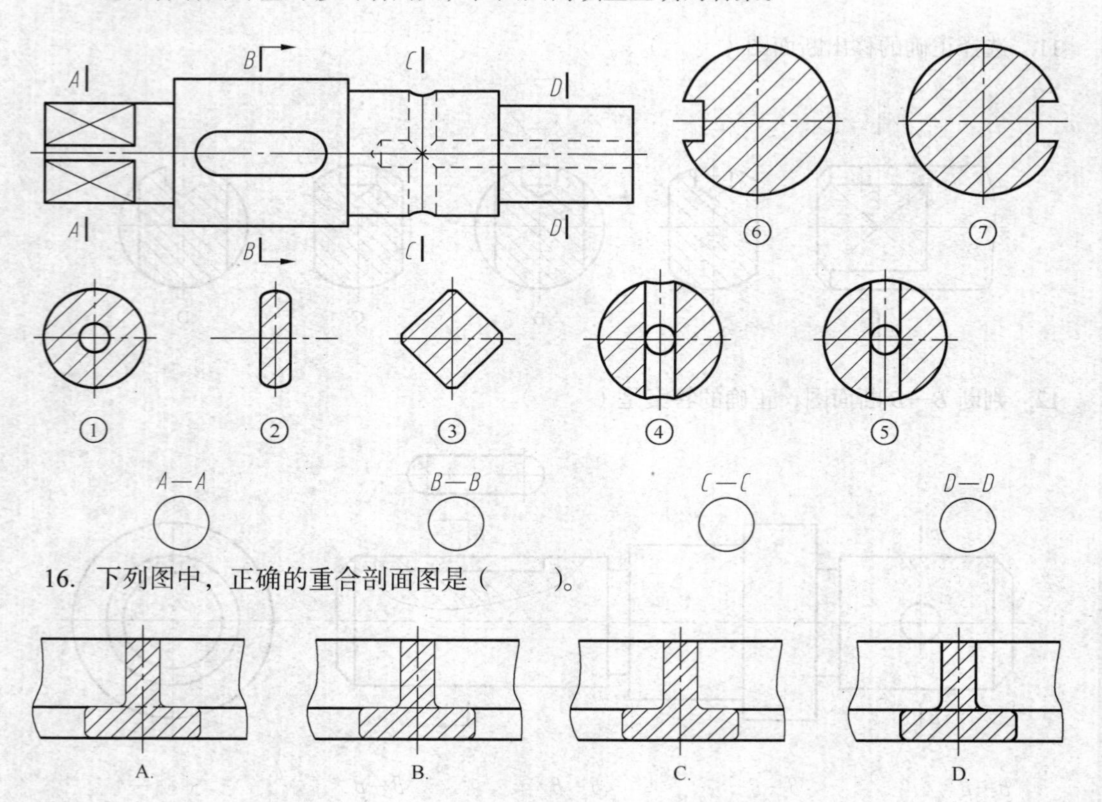

16. 下列图中，正确的重合剖面图是（　　）。

A.　　B.　　C.　　D.

第四节　其他表达方法

一、局部放大图

当机件的某些局部结构较小，在原定比例的图形中不易表达清楚或不便标注尺寸时，可将此局部结构用较大比例单独画出，这种图形称为局部放大图，如图 3-27 所示。局部放大图可画成剖视、断面或视图。画局部放大图时，应用细实线圈出放大部位。局部放大图尽量画在被放大部位附近。当同一机件有几个放大部位时，用罗马数字标注，并在放大图的上方标注相应的罗马数字和采用的比例。原视图中该部分结构可简化表示。

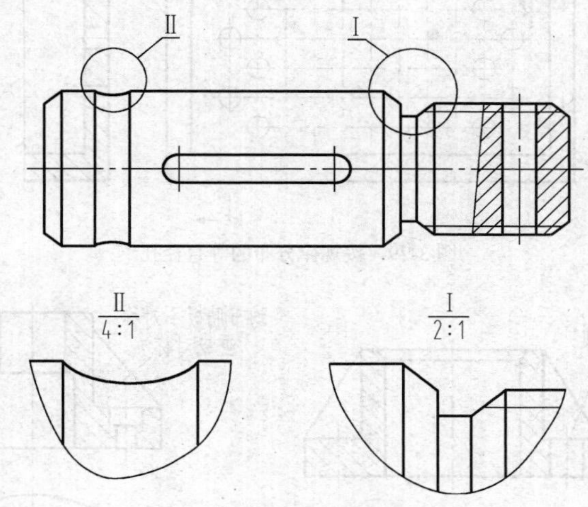

图 3-27　局部放大图

二、简化画法

（1）当机件上具有相同结构（如齿、槽等），并按一定规律分布时，应尽可能减少相同结构的重复绘制，只需画出几个完整的结构，其余用细实线连接，同时在图中注明该结构的总数（见图 3-28）。

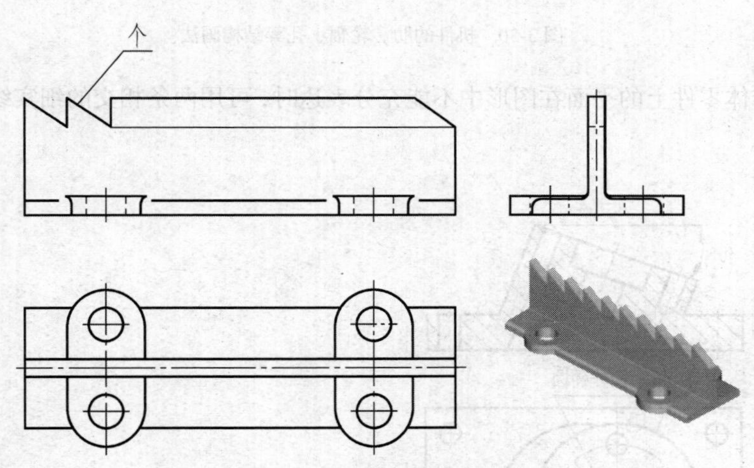

图 3-28　相同结构的简化画法

（2）当机件具有若干直径相同且成规律分布的孔（圆孔、螺孔、沉孔等），可以仅画出一个或几个，其余只需要表示其中心位置（见图 3-29）。

（3）当回转体机件上均匀分布的肋、轮辐、孔等结构不处于剖切平面上时，可将这些结构假想旋转到剖切平面上画出，如图 3-30 所示。

（4）与投影面倾斜角度小于 30° 的圆或圆弧，其投影可用圆或圆弧代替真实投影的椭圆，如图 3-31 所示。

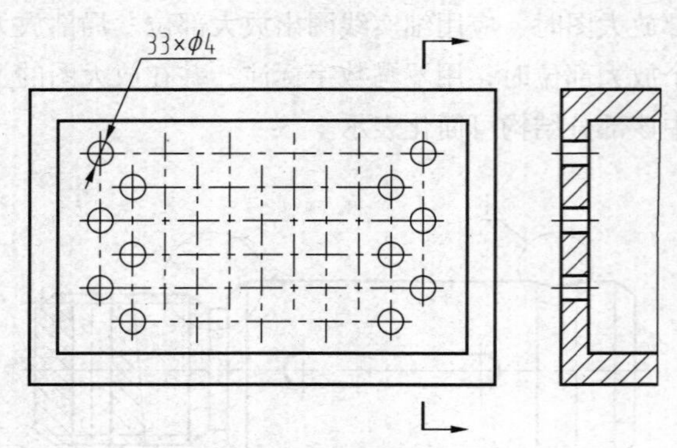

图 3-29　按规律分布的等直径孔

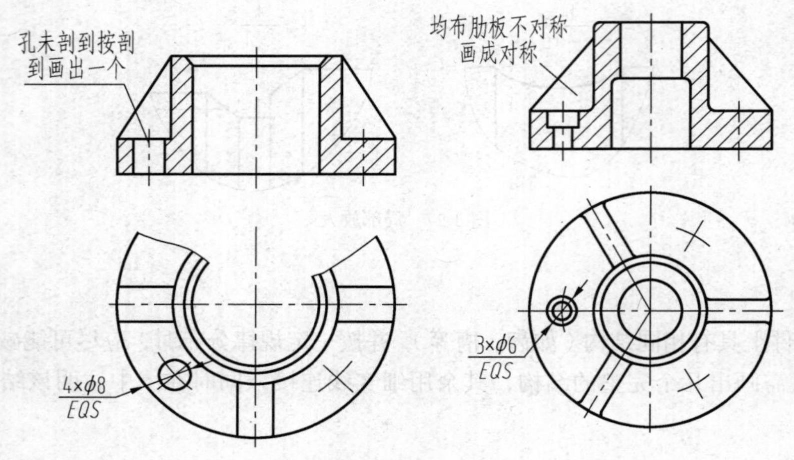

图 3-30　机件的肋、轮辐、孔等结构画法

（5）当回转体零件上的平面在图形中不能充分表达时，可用两条相交的细实线表示这些平面，如图 3-32 所示。

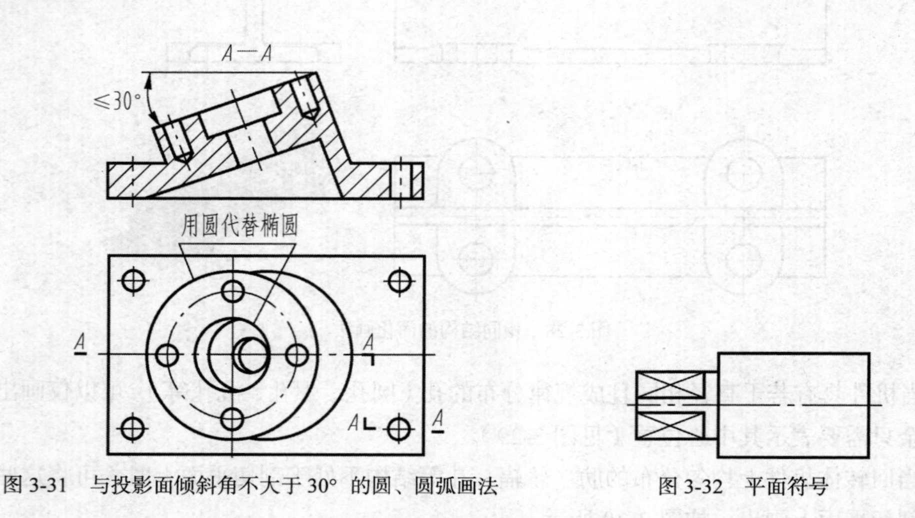

图 3-31　与投影面倾斜角不大于 30° 的圆、圆弧画法　　　　图 3-32　平面符号

（6）在不至于引起误解时，对于对称机件的视图可只画出一半或四分之一，在对称中心线的两端画出两条与其垂直的平行细实线，如图 3-33 所示。

（7）网状物、编织物或机件上的滚花部分，可在轮廓线附近用细实线局部画出的方法表示，也可省略不画，如图 3-34 所示。

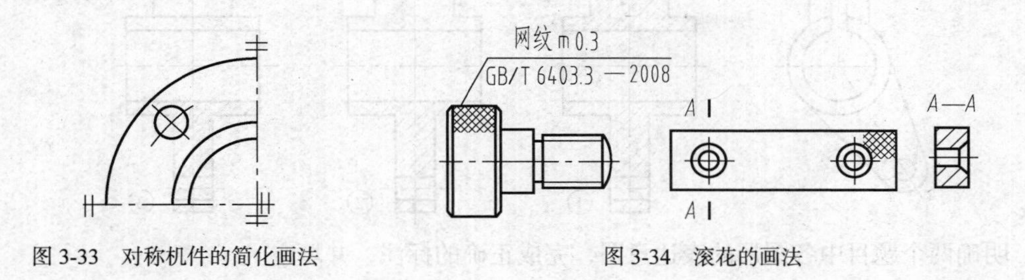

图 3-33　对称机件的简化画法　　　图 3-34　滚花的画法

（8）对于较长的机件（如轴、杆或型材等），当沿长度方向的形状一致或按一定规律变化时，可将其断开缩短绘出，但尺寸仍要按机件的实际长度标注，如图 3-35 所示。

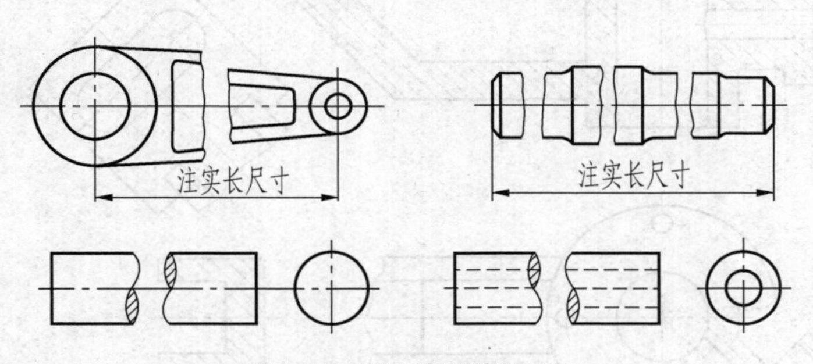

图 3-35　较长机件的简化画法

随堂训练

1. 相同结构的简化画法是否正确？（　　）

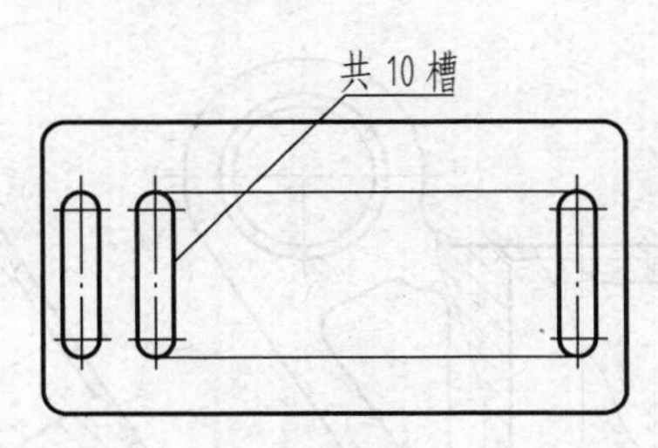

2. 下图中的断裂画法是否正确？（　　）

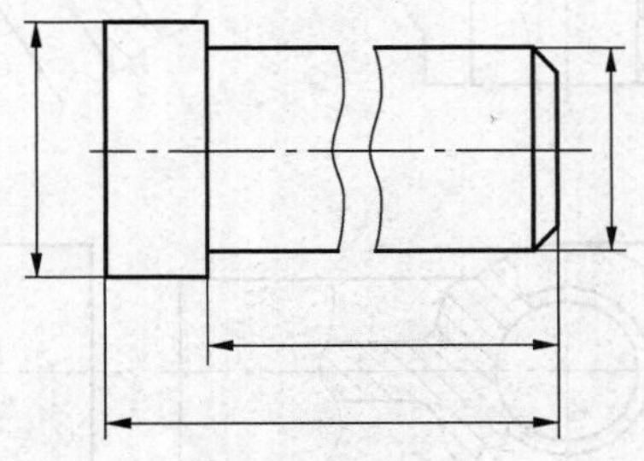

3. 下列图形中正确的是（　　）。

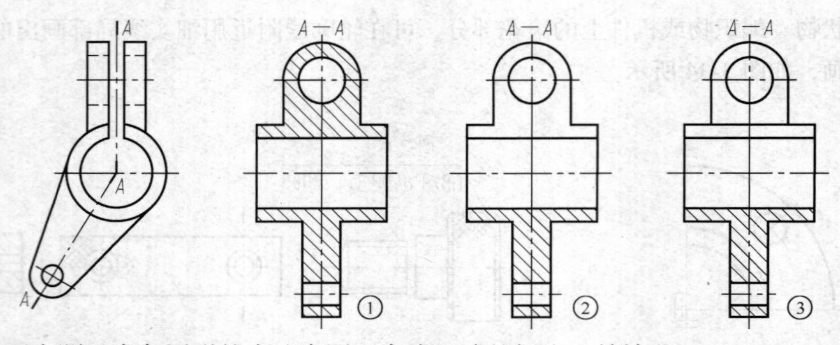

4. 明确两个题目中各图形的表达意图，完成正确的标注，并填空。

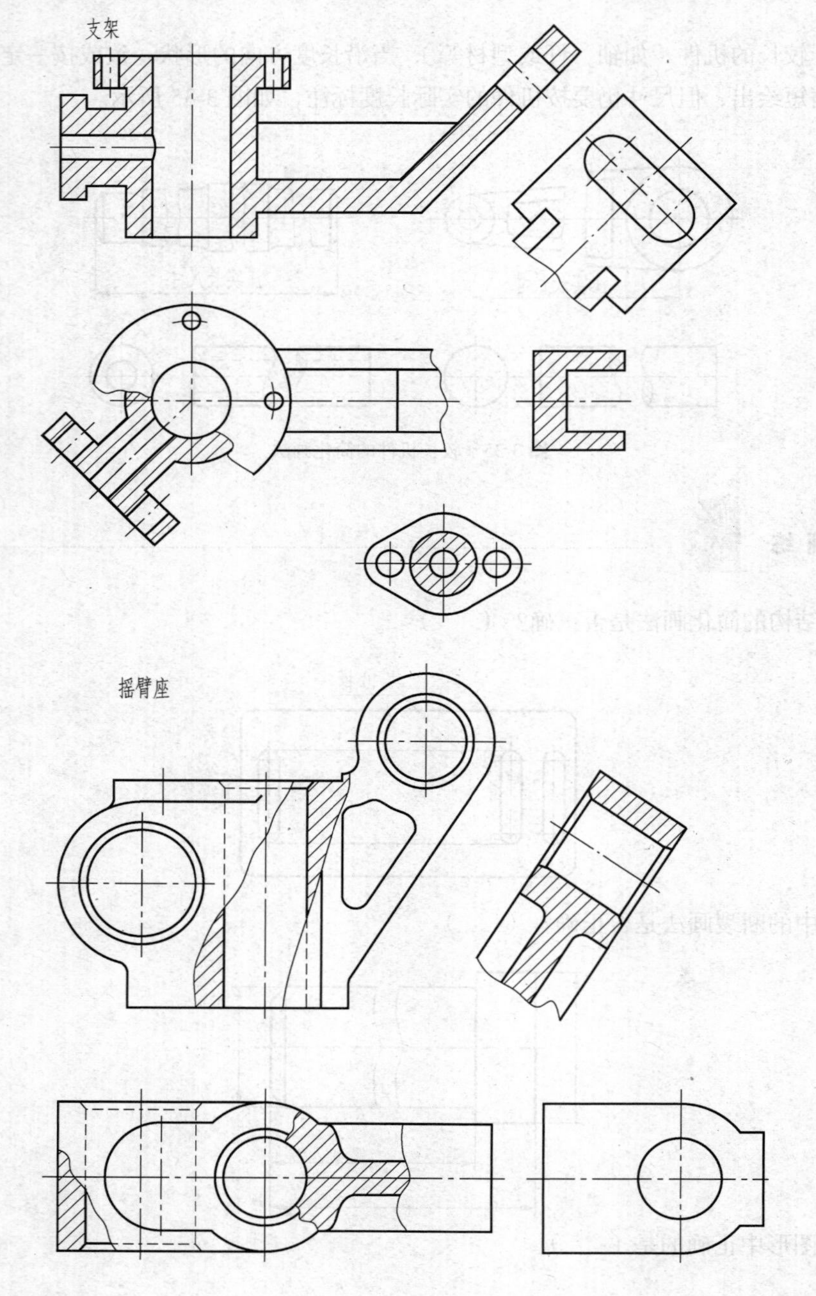

（1）支架共用________个视图来表达，它们的名称分别为________、________、________、________和________。

（2）支架的主视图是采用________的全剖视图，主要表达________、________和________。

（3）支架的俯视图是采用________的________，主要表达________、________和________。

（4）摇臂座共用________个视图来表达，它们的名称分别为________、________、________和________。

（5）摇臂座的主视图主要表达机件的________，并采用________表示中间通孔的形状。

（6）摇臂座的俯视图有两处局部剖视，分别表示________和________的局部形状。

（7）摇臂座的另外两个视图分别表示________和________。

（8）摇臂座的主视图和俯视图中都出现了虚线，是否可以省略这些虚线?为什么?

第四章 标准件和常用件的识读

第一节 螺纹及螺纹连接件

一、螺纹的基本知识

1. 螺纹的形成

螺纹是零件上常见的一种结构。它是指在圆柱或圆锥表面上，沿着螺旋线所形成的具有相同剖面的连续凸起。在圆柱或圆锥外表面上形成的螺纹称外螺纹；在内孔表面上所形成的螺纹称内螺纹。在日常生活中常见的螺钉、螺栓等上的螺纹就是外螺纹，螺母上的螺纹就是内螺纹，如图 4-1 所示。

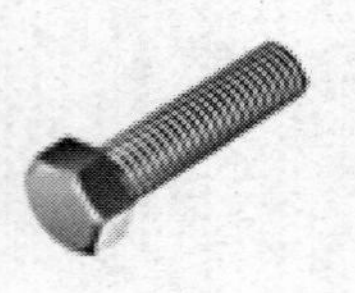
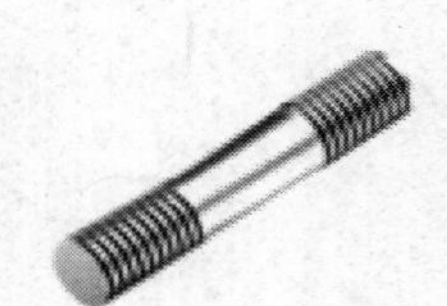

图 4-1 常见螺钉、螺栓上的螺纹

螺纹的加工方法很多，大部分采用机械化批量生产。小批量或单件生产的内、外螺纹可以通过车削获得，内螺纹也可以通过钻孔后攻丝获得。

2. 螺纹的结构要素

内外螺纹总是配对使用的。只有当内、外螺纹的牙型、公称直径、线数、螺距、旋向 5 个要素完全一致时，才能正常地旋合。

（1）螺纹牙型。在通过螺纹轴线的剖面上，螺纹的轮廓形状称螺纹牙型。常用的牙型有三角形、梯形和锯齿形等，如图 4-2 所示。

（2）直径。螺纹的直径有大径、小径和中经，如图 4-3 所示。

大径：与外螺纹牙顶或内螺纹牙底相切的假想圆柱或圆锥的直径（内、外螺纹分别用 D、d 表示），也称为螺纹的公称直径。

小径：与外螺纹牙底或内螺纹牙顶相切的假想圆柱或圆锥的直径（内、外螺纹分别用 D_1、d_1 表示）。

中径：在大径与小径之间，其母线通过牙型沟槽宽度和凸起宽度相等的假想圆柱或圆锥的直径（内、外螺纹分别用 D_2、d_2 表示）。

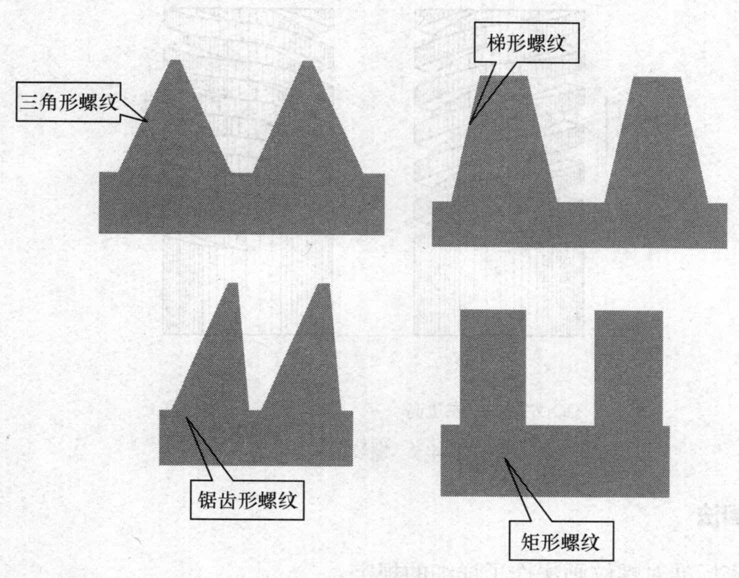

图 4-2 螺纹牙型

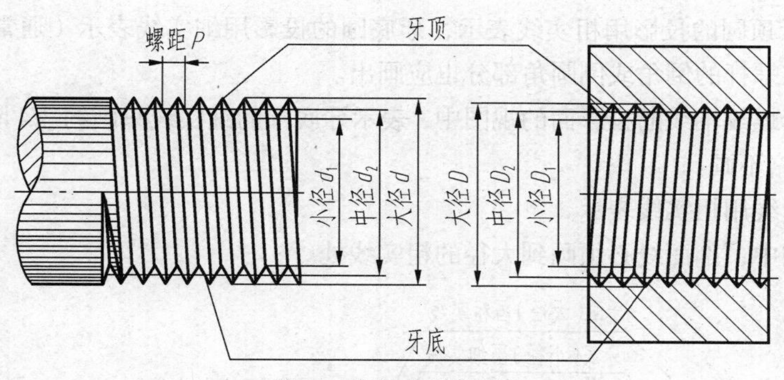

图 4-3 螺纹各部分名称

（3）线数。螺纹有单线和多线之分，沿一条螺旋线形成的螺纹，称为单线螺纹；沿两条或两条以上螺旋线所形成的螺纹称为双线或多线螺纹。线数用 n 表示。

（4）螺距和导程。螺纹上相邻两牙在中径线上对应两点间的轴向距离称为螺距。同一条螺旋线上的相邻两牙在中径线上对应两点间的轴向距离称导程。应注意，螺距与导程是两个不同的概念。对于单线螺纹，导程与螺距相等，即 $s=p$；对于多线螺纹，$s=n\times p$，如图 4-4 所示。

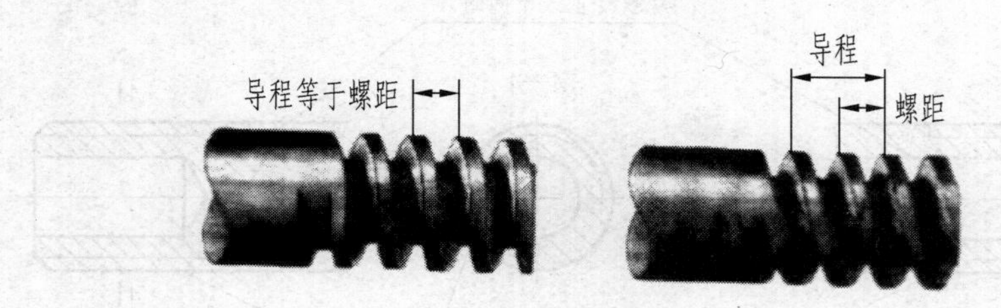

图 4-4 螺纹的线数、导程和螺距

（5）旋向。螺纹的旋向有左旋和右旋之分。顺时针旋转时旋入的螺纹是右旋螺纹；逆时针旋转时旋入的螺纹是左旋螺纹，如图 4-5 所示。

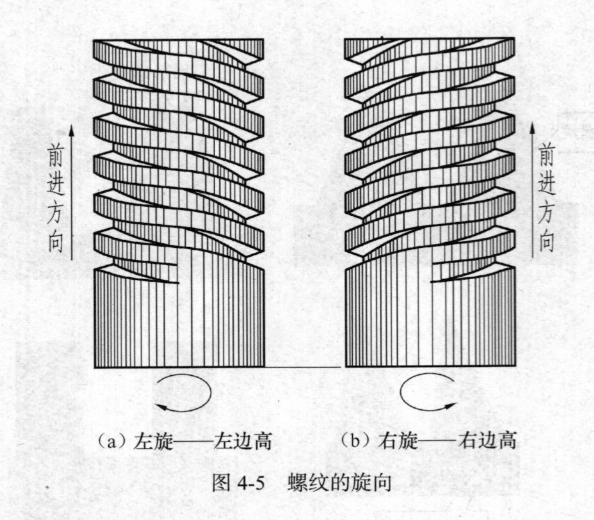

(a) 左旋——左边高　　(b) 右旋——右边高

图 4-5　螺纹的旋向

二、螺纹的规定画法

机械制图国家标准对螺纹画法作了详细的规定。

(1) 外螺纹画法，如图 4-6 所示。

① 外螺纹牙顶圆的投影用粗实线表示，牙底圆的投影用细实线表示（通常按牙顶圆投影的 0.85 倍绘制），在螺杆的倒角或倒圆角部分也应画出。

② 在垂直于螺纹轴线的投影面的视图中，表示牙底圆的细实线只画约 3/4 圈，螺杆或螺孔上倒角圆的投影省略不画。

③ 螺纹终止线用粗实线表示。

④ 在剖视图中，剖面线必须画到大径的粗实线处。

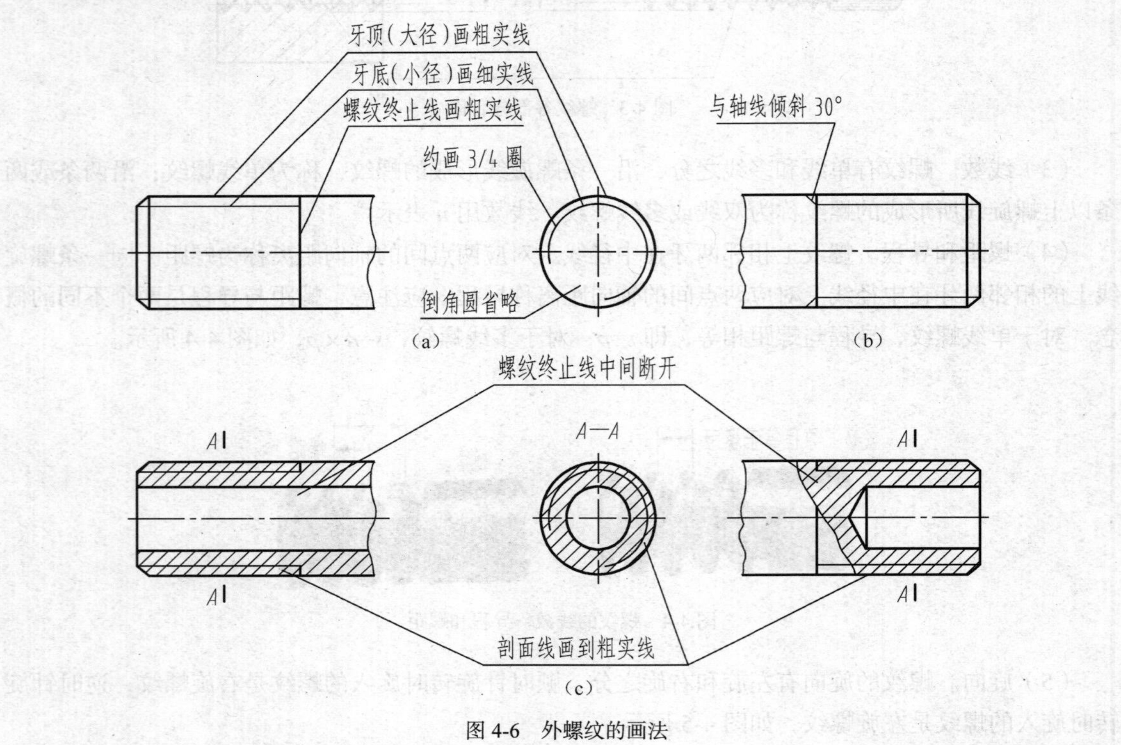

图 4-6　外螺纹的画法

（2）内螺纹画法。

① 在剖视图或断面图中，内螺纹牙顶圆的投影用粗实线表示。牙底圆的投影用细实线表示，螺纹终止线用粗实线表示，剖面线必须画到小径的粗实线处。

② 在垂直于螺纹轴线的投影面的视图中，表示牙底圆的细实线只画约 3/4 圈，倒角的投影，省略不画。

③ 不可见螺纹的所有图线（轴线除外）均用虚线绘制，如图 4-7 所示。

④ 绘制不穿透的螺孔时，一般应将钻孔深度与螺孔深度分别画出，底部的锥顶角画成 120°。钻孔深度应比螺孔深度大（0.2～0.5）D，但不必注尺寸，如图 4-8 所示。

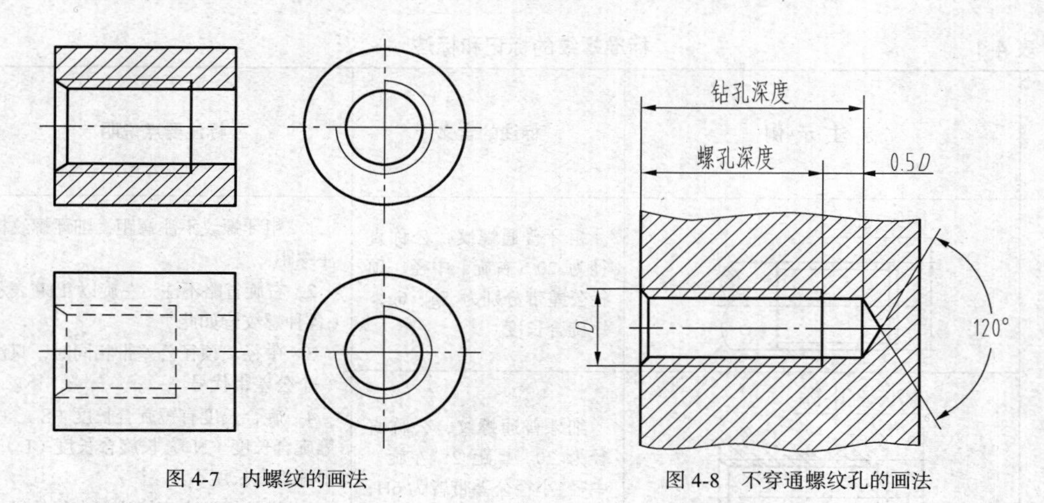

图 4-7　内螺纹的画法　　　图 4-8　不穿通螺纹孔的画法

（3）内外螺纹旋合的画法。画螺纹联接部分时，一般采用剖视图表示。其旋合部分应按外螺纹绘制，其余部分仍按各自的规定画法绘制，如图 4-9 所示。必须注意，表示内、外螺纹大径的细实线和粗实线，以及表示内、外螺纹小径的粗实线和细实线应分别对齐。在剖切平面通过螺纹轴线的剖视图中，实心螺杆按不剖绘制。

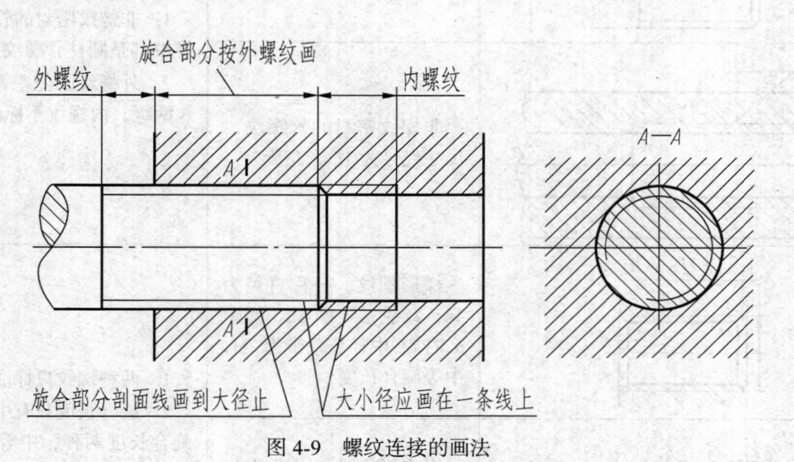

图 4-9　螺纹连接的画法

（4）常见螺纹的分类及标记。螺纹按用途分连接螺纹和传动螺纹两种。连接螺纹起连接作用。常用的有 4 种标准螺纹：粗牙普通螺纹、细牙普通螺纹、非螺纹密封的管螺纹和用螺纹密封的管螺纹。传动螺纹用于传递动力和运动。常用的有两种标准螺纹：梯形螺纹和锯齿形螺纹。

螺纹采用规定画法后，在图上看不出它的牙型、螺距、线数和旋向等结构要素，这需要用标记加以说明。各种常用螺纹的标记和标注方法如表 4-1 所示。

① 普通螺纹的标注。普通螺纹的标记应注在螺纹大径上，其标注格式为：

螺纹代号-公差带代号-旋合长度代号

其中，螺纹代号包括螺纹的特征代号（M）、公称直径、螺距（多线时为导程/线数）和旋向。粗牙普通螺纹不标注螺距数值。单线、右旋螺纹较常用，其线数和旋向可省略标注，左旋螺纹应标注“LH”。

表 4-1 标准螺纹的标记和标注

螺纹种类	标注示例	标注的含义	标注要点说明
普通螺纹M	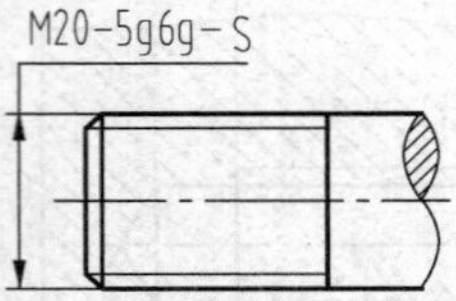 M20-5g6g-S	粗牙普通螺纹，公称直径为 20，右旋，中径、顶径公差带分别为 5g、6g，短旋合长度	1. 粗牙螺纹不注螺距，细牙螺纹标注螺距 2. 右旋省略不注，左旋以“LH”表示（各种螺纹皆如此） 3. 中径、顶径公差带相同时，只注一个公差带代号 4. 旋合长度有短旋合长度（S），中等旋合长度（N），长旋合长度（L），中等旋合长度不注 5. 螺纹标记应直接注在大径的尺寸线或延长线上
	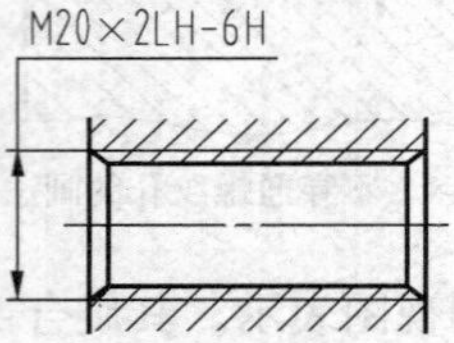 M20×2LH-6H	细牙普通螺纹，公称直径为 20，螺距 2，左旋，中径、小径公差带皆为 6H，中等旋合长度	
非螺纹密封的管螺纹G	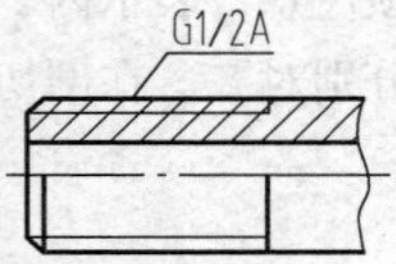 G1/2A	非螺纹密封的管螺纹，尺寸代号为 1/2，公差为 A 级，右旋	1. 非螺纹密封的管螺纹，其内、外螺纹都是圆柱管螺纹 2. 外螺纹的公差等级代号分为 A、B 两级，内螺纹不标注
	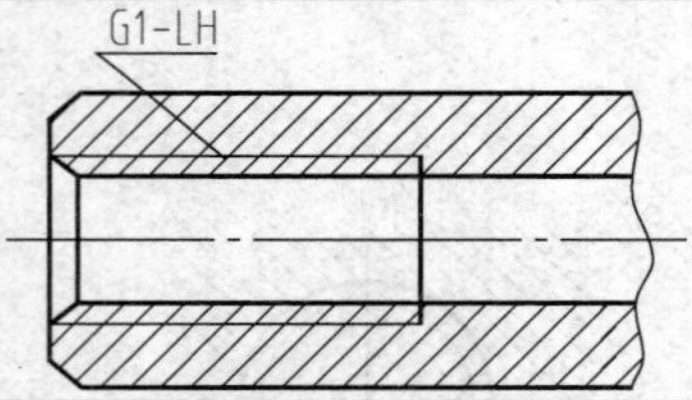 G1-LH	非螺纹密封的管螺纹，尺寸代号为 1/2，左旋	
梯形螺纹Tr	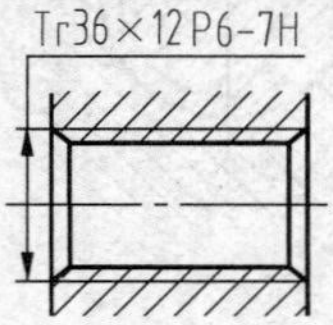 Tr36×12P6-7H	梯形螺纹，公称直径为 36，双线，导程 12，螺距 6，右旋，中径公差带为 7H，中等旋合长度	1. 两种螺纹只标注中径公差带代号 2. 旋合长度只有中等旋合长度和长旋合长度两种，中等旋合长度规定不标
锯齿形螺纹B	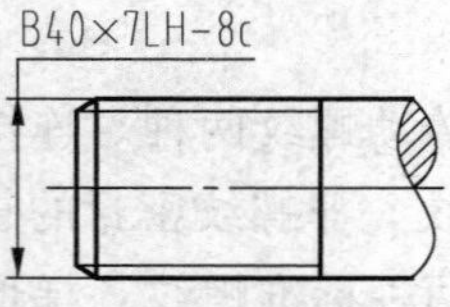 B40×7LH-8c	锯齿形螺纹，公称直径为 40，单线，螺距 7，左旋，中径公差带为 8c，中等旋合长度	

续表

螺纹种类	标注示例	标注的含义	标注要点说明
常用螺纹密封的管螺纹 R Rc Rp	R1/2-LH	圆锥外螺纹，尺寸代号为 1/2，左旋	1. 用螺纹密封的管螺纹，只注螺纹特征代号、尺寸代号和旋向 2. 管螺纹一律标注在引出线上，引出线应由大径处引出或对称中心线处引出
	Rc1/2	圆锥内螺纹，尺寸代号为 1/2，右旋	
	Rp1/2	圆柱内螺纹，尺寸代号为 1/2，右旋	

螺纹公差带代号由表示公差等级的数字和表示公差位置的字母组成，如 5g、7h，小写字母表示外螺纹。它包括中径公差带代号和顶径公差带代号，两者相同时只标注一个代号，如 M20，M20 × 1.5-2H；两者不同时应分别标注，如 M20 × 2 LH-7h，M20-5g 6g。

螺纹旋合长度分短、中、长 3 组，分别用 S、N、L 表示。按中等旋合长度考虑时，可不标注 N，特殊要求时，可直接注写长度数值。

例如 M10-5g6g-S，表示粗牙普通外螺纹，大径为 10 mm，右旋，中径公差带为 5 g，顶径公差带为 6 g，短旋合长度。

② 管螺纹的标注。管螺纹分为用螺纹密封的管螺纹和非螺纹密封的管螺纹。管螺纹的尺寸指引线必须指向大径。需要注意的是，管螺纹的尺寸代号并不是指螺纹大径，而是指管螺纹的通孔直径，单位为 in（英寸）。作图需要时，可根据管螺纹的尺寸代号查出大径尺寸。

a. 非螺纹密封的管螺纹的标注格式。

螺纹特征代号 尺寸代号 公差等级代号 旋向代号

螺纹特征代号用 G 表示。外螺纹的公差等级代号分 A、B 两种，内螺纹只有一种公差等级，因此不标注。左旋螺纹在公差等级代号后加“LH”，右旋不标。例如 G11/2LH，表示内螺纹，尺寸代号为 11/2，左旋。

b. 用螺纹密封的管螺纹，包括圆锥内螺纹与圆锥外螺纹联接、圆柱内螺纹与圆锥外螺纹联接两种形式。其标注格式如下。

螺纹特征代号 尺寸代号 旋向代号

其中圆锥内螺纹、圆柱内螺纹、圆锥外螺纹的特征代号分别用 Rc、Rp、R 表示，尺寸代号有 1/8、1/4、1/2、1 等；左旋螺纹在尺寸后加“LH”。例如 Rc 11/2，表示圆锥内螺纹，尺寸代号为 11/2，右旋。

③ 梯形和锯齿形螺纹的标注格式。

螺纹特征代号 公称直径 × 螺距 旋向 中径公差带 旋合长度

梯形螺纹特征代号用 Tr 表示；锯齿形螺纹特征代号用 B 表示；左旋螺纹用“LH”表示，如果是右旋螺纹，不标注；如果是多线螺纹，则螺距处标注“导程（螺距）”；两种螺纹只标注中径公差带；旋合长度只有中等旋合长度（N）和长旋合长度（L）两种，若为中等旋合长度则不标注。

注意

梯形螺纹公称直径指外螺纹大径。实际上内螺纹大径大于外螺纹大径，但标注内螺纹代号时要标注公称直径，即外螺纹大径。

例如 Tr40 × 7-7H，表示公称直径为 40 mm、螺距为 7mm 的单线右旋梯形内螺纹，中径公差带为 7H，中等旋合长度。

三、螺纹紧固件的连接画法

通过螺纹起连接作用的零件称螺纹紧固件，常用的螺纹紧固件有螺栓、螺柱、螺钉、螺母、垫圈等，这些零件都是标准件。国家标准对它们的结构、形式、尺寸都作了规定，并规定了不同的标记方法。因此只需知道规定标记，就可以从有关标准中查到它们的结构、形式和全部尺寸，不必画出它们的零件图。

螺纹紧固件一般用比例画法绘制。所谓比例画法，就是以螺栓上螺纹的公称直径为主要参数，其余各部分结构尺寸均按与公称直径成一定比例的关系绘制。螺纹连接紧固件的尺寸比例关系如图 4-10 所示。

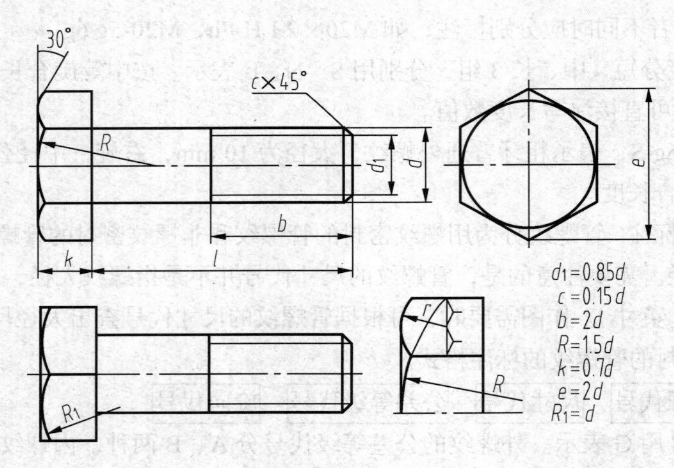

（a）六角头螺栓的比例画法

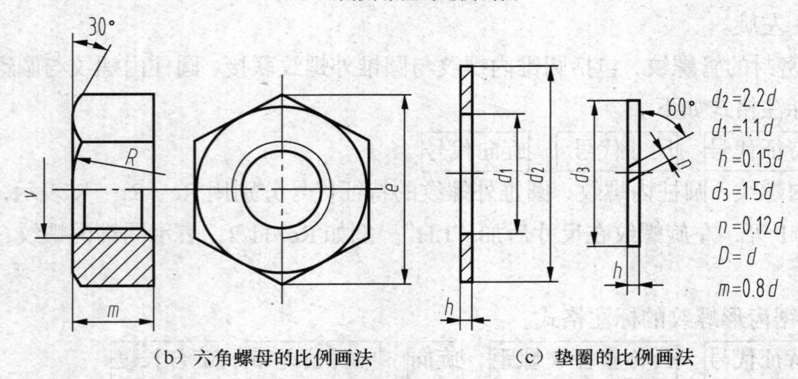

（b）六角螺母的比例画法　　（c）垫圈的比例画法

图 4-10　螺栓、螺母、垫圈的比例画法

1. 螺栓连接

螺栓连接由螺栓、螺母、垫圈等组成，用于连接不太厚的并且能钻成通孔的零件，如图 4-11 所示。

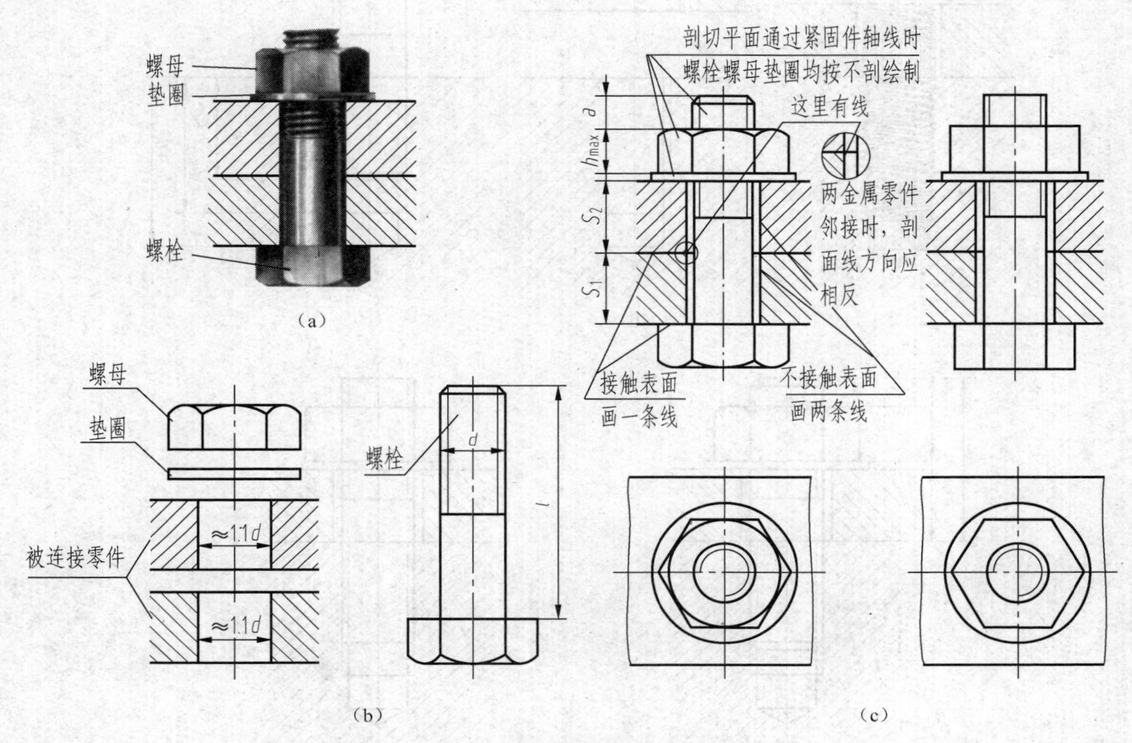

图 4-11 螺栓连接的简化画法

画螺纹紧固件的装配图时，应遵守下述基本规定。

① 两零件的接触面应只画一条粗实线，而不得画成两条线或特意加粗，凡不接触的表面，不论间隙多小，都必须画间隙。

② 在剖视图中，相互接触的两个零件其剖面线方向应相反或间隔不同，但同一零件在各剖视图中，剖面线的方向和间隔应相同。

③ 剖切平面通过标准件（螺栓、螺钉、螺母、垫圈等）的轴线时，这些零件按不剖绘制，仍画外形，需要时可采用局部剖视。螺纹紧固件的工艺结构，如倒角、退刀槽、缩径、凸肩等均可省略不画。

④ 螺栓长度 L。$L=(\delta_1+\delta_2)$+垫圈厚度（h）+螺母厚度（m）+螺纹伸出长度 a，$a=2p$（p 为螺距）。计算得出数值后，再从螺栓的标准长度系列中，选取接近的标准长度。

⑤ 螺纹终止线应低于通孔的顶面，以示拧紧螺母还有足够的螺纹长度。

2. 双头螺柱连接

双头螺柱的连接件有双头螺柱、六角螺母和垫圈组成。

当两个被连接的零件中，有一个较厚或不适宜用螺栓连接时，常采用螺柱连接。这种连接是在较薄的零件上钻孔（孔径为 1.1d），并在较厚的零件上制出内螺纹，钻头头部形成的锥顶角为 120° ，钻孔深度比螺孔深度长（0.2 ~ 0.5）d。螺柱两端都制有螺纹，一端旋入较厚零件中的螺孔中，称为旋入端，另一端穿过较薄零件的通孔，套上垫圈，再用螺母拧紧，称为紧固端。其简化画法如图 4-12 所示。

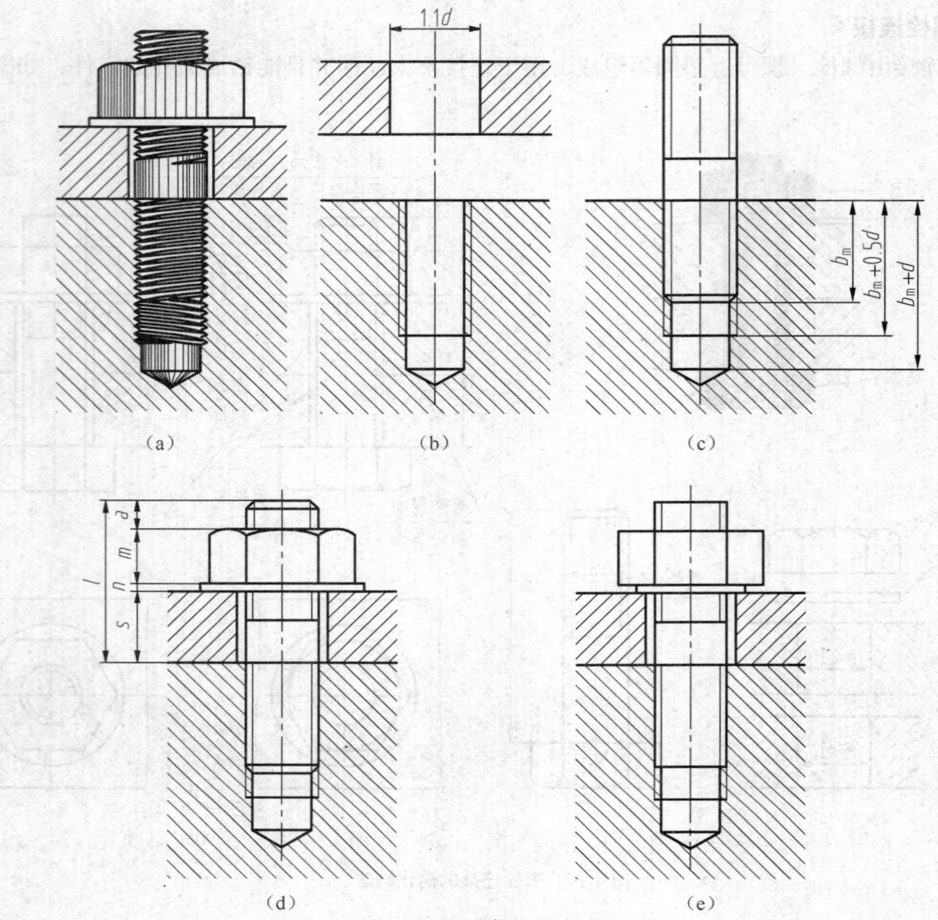

图 4-12　双头螺柱连接画法

画螺柱连接时应注意以下问题。

① 为了保证连接牢固，应使旋入端完全旋入螺纹孔中，画图时螺柱旋入端的螺纹终止线应与螺纹孔口的端面平齐。

② 螺柱旋入端长度 b_m 的值与机件材料有关。对于钢、青铜、硬铝材料，$b_m=d$；铸铁，$b_m=(1.25\sim1.5)d$；铝及其他较软材料，$b_m=2d$。

③ 机件上螺孔深度应大于螺柱的旋入端长度，螺孔深度可按 b_m+2p 画出。其螺纹的小径（$0.85d$），深度按 b_m+d 画出。孔底应画出钻头留下的 120° 圆锥孔。

④ 公称长度 $L=\delta+0.15d$（垫圈厚度）$+0.8d$（螺母厚度）$+2p$（螺纹伸出长度）。上式计算得出数值后，在规定的长度系列中，选取相近的标准长度。

3. 螺钉连接

螺钉连接用在受力不大和不经常拆卸的地方。将螺钉穿过较薄的被连接零件的通孔后，直接旋入较厚的被连接零件的螺孔内，实现两者的连接。其简化画法如图 4-13 所示。

画螺钉连接时应注意以下问题。

（1）螺钉的螺纹终止线应在螺纹孔口之上。

（2）在投影为圆的视图中，螺钉头部的一字槽可画成一条特粗线（约 $2d$），与水平线成 45°。

（3）螺纹紧固件采用弹簧垫圈时，其弹簧垫圈的开口方向应向左倾斜（与水平线成 60°），用一条特粗线（约 $2d$）表示。

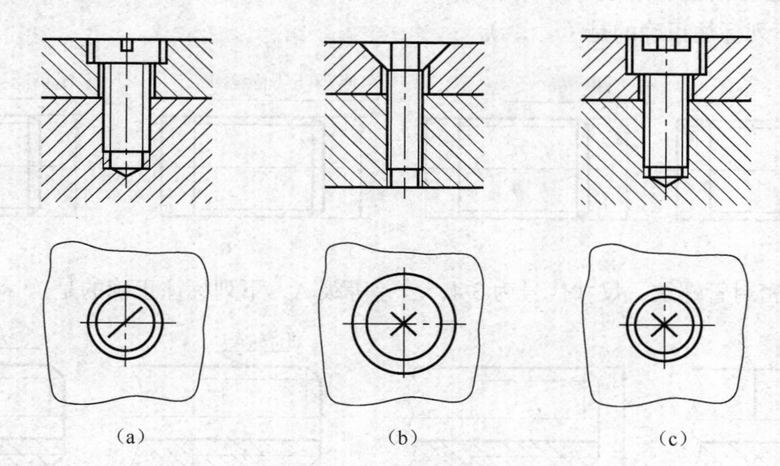

（a）（b）（c）

图 4-13　螺钉连接画法

随堂训练 

1. 下列关于螺纹画法正确的是（　　）。

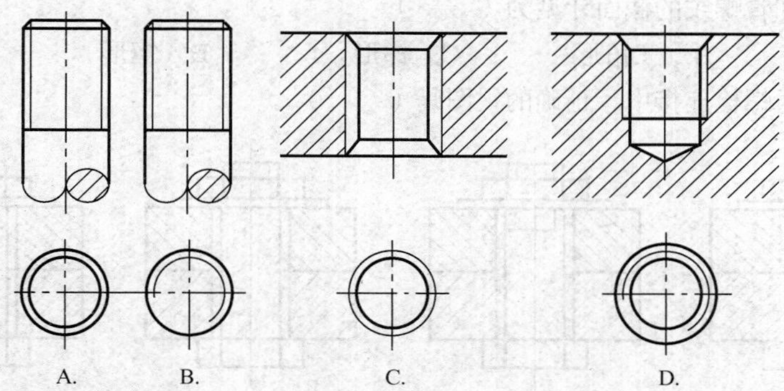

A.　B.　C.　D.

2. 下列关于螺纹孔的画法正确的是（　　）。

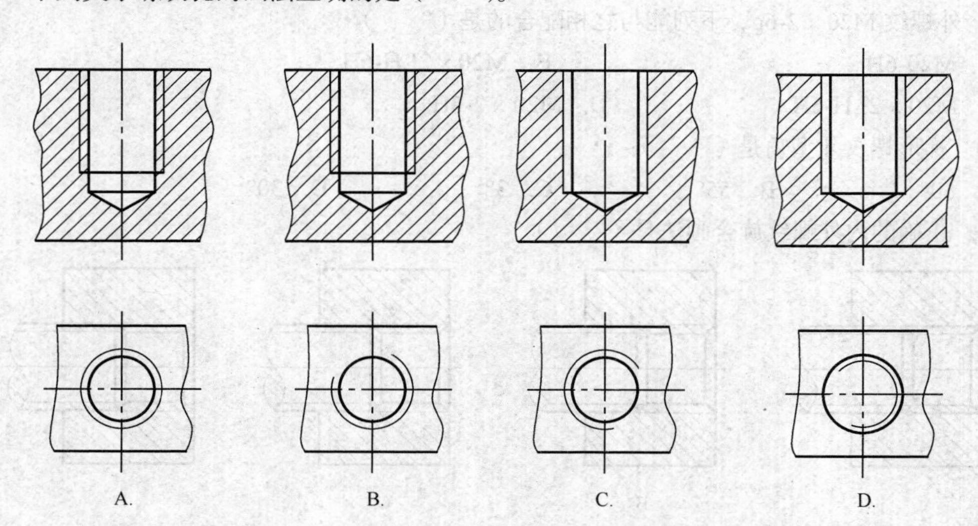

A.　B.　C.　D.

3. 已知普通粗牙螺纹，大径20mm，螺距1.5mm，单线右旋，中径、顶径公差带代号为5g6g，短旋合长度，下列标注正确的是（　　）。

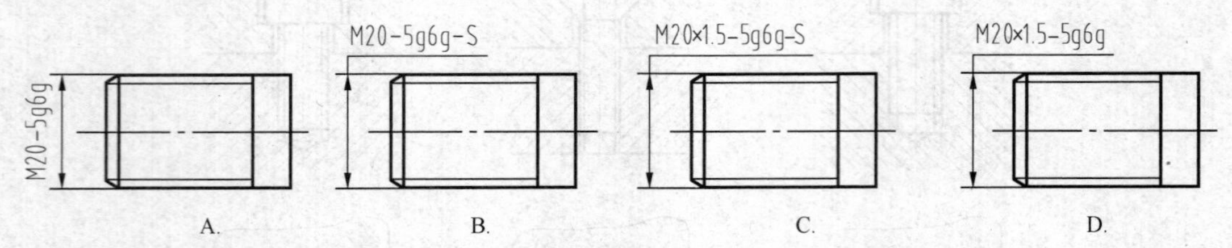

4. 55° 非密封管螺纹，尺寸代号为3/4，公差等级A，下列标注正确的是（　　）。

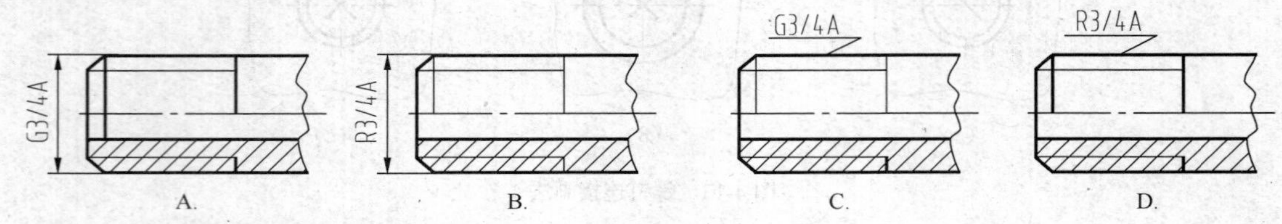

5. 普通螺纹的公称直径是指（　　）。

A. 螺纹小径　　B. 螺纹中径　　C. 螺纹外径　　D. 螺纹大径

6. 若某双线螺纹的螺距为7mm，则其导程为（　　）。

A. 14mm　　B. 7mm　　C. 3.5mm　　D. 2mm

7. 普通螺纹和管螺纹的截面牙型为（　　）。

A. 锯齿形　　B. 三角形　　C. 梯形　　D. 矩形

8. 在下列普通螺栓连接中，正确的视图是（　　）。

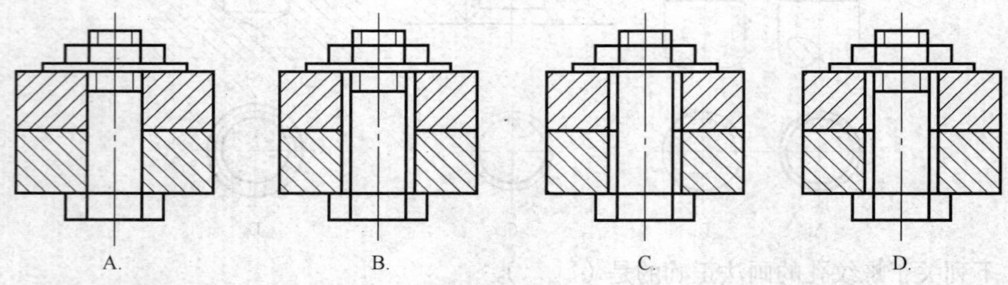

9. 外螺纹M20×2-6g，下列能与之相配合的是（　　）。

A. M20-6H　　B. M20×2LH-6H

C. M20×2LH-6H　　D. M20×2-6H

10. 梯形螺纹牙型角是（　　）。

A. 60°　　B. 55°　　C. 3°　　D. 30°

11. 正确的内外螺纹旋合画法是（　　）。

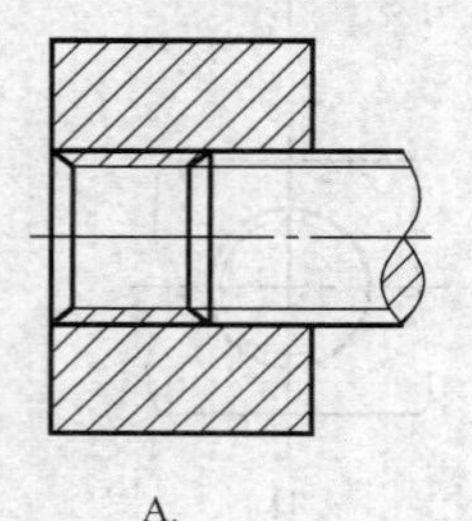

A.

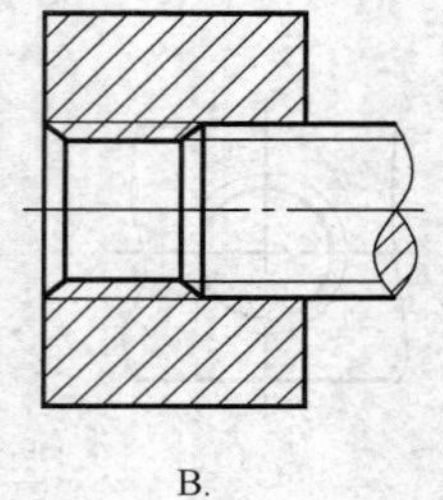

B.

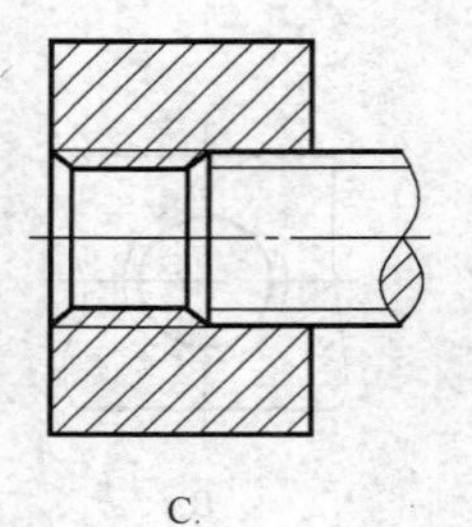

C.

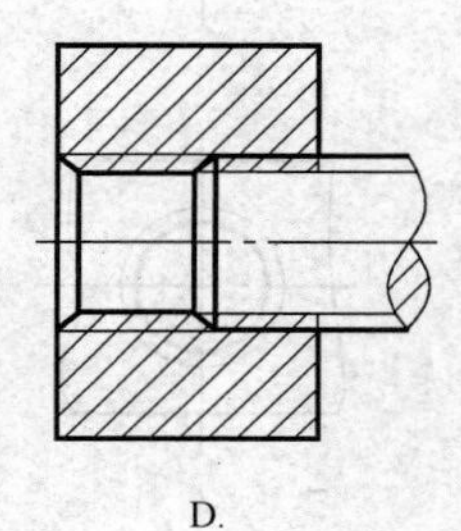

D.

12. 下列四组视图中正确的是（　　）。

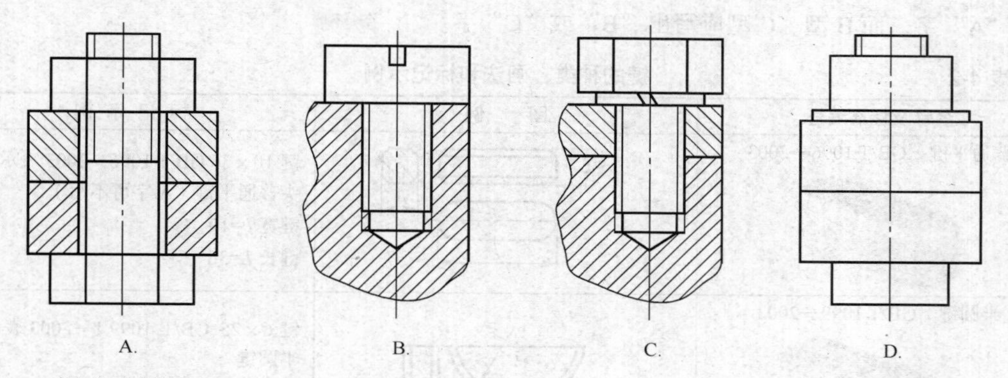

13. 螺纹的标注。

（1）普通螺纹，大径为 20mm，p=2.5mm，右旋，中、顶径公差带代号 6g，旋合长度中等。

（2）普通螺纹，大径为 20mm，p=2.5mm，右旋，中、顶径公差带代号 6H，旋合长度中等。

（3）普通螺纹，大径为 20mm，p=1.5mm，左旋，中、顶径公差带代号 6H，旋合长度长。

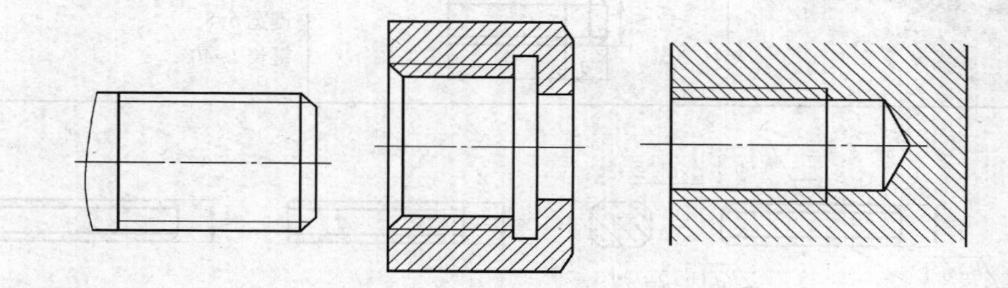

第二节　键、销及其连接

一、键连接

键是用来连接轴和装在轴上的传动零件（如齿轮、带轮），起传递转矩作用的常用标准件，如图 4-14 所示。

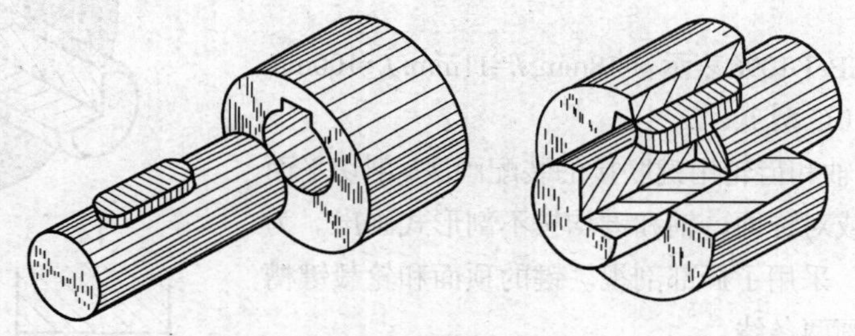

图 4-14　普通平键连接

键的种类很多，均已标准化。常用的有普通平键、半圆键、钩头楔键、花键等。

1. 平键连接

键是标准件，使用较多的普通平键的尺寸和键槽的剖面尺寸，可按轴径查阅相关国家标准得出。普通平键有 A，B，C 三种，其形状和尺寸如图 4-15 所示。在普通平键的标记中，A 型平键省略“A”字，而 B 型、C 型应写出“B”或“C”字。

表 4-2　　　　　　　　　　键的种类、画法和标记示例

名称及标准编号	图　例	标记示例
普通平键　GB/T 1096—2003		键 10×36 GB/T 1096—2003 表示：圆头普通平键（A 字可不写） 键宽 b=10 键长 L=36
半圆键　GB/T 1099—2003		键 6×25 GB/T 1099.1—2003 表示：半圆键 键宽 b=6 直径 d_1=25
钩头楔键　GB/T 1565—2003		键 8×40 GB/T 1565—2003 表示：钩头楔键 键宽 b=8 键长 L=40

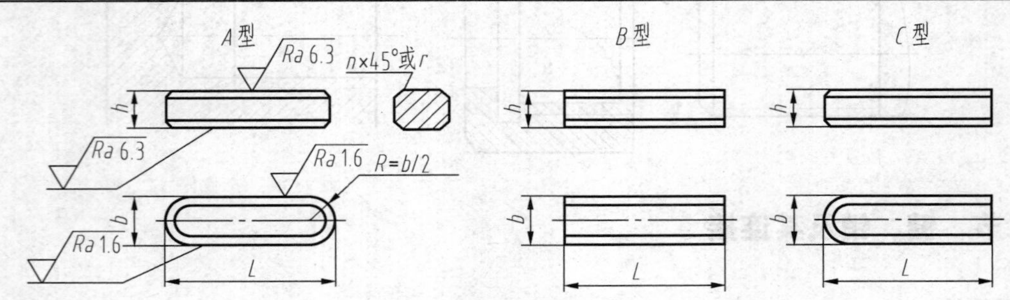

图 4-15　普通平键的形式和尺寸

普通平键标注示例：

键 18×100　GB/T 1096 表示 b=18mm, h=11mm, L=100mm 的圆头普通平键。

键 C18×100　GB/T 1096 表示 b=18mm, h=11mm, L=100mm 的单圆头普通平键（C 型）。

图 4-16 所示为轴和齿轮用键联接的装配画法。剖切平面通过轴和键的轴线或对称面，轴和键均按不剖形式画出。为了表示轴上的键槽，采用了局部剖视。键的顶面和轮毂键槽的底面有间隙，应画两条线。

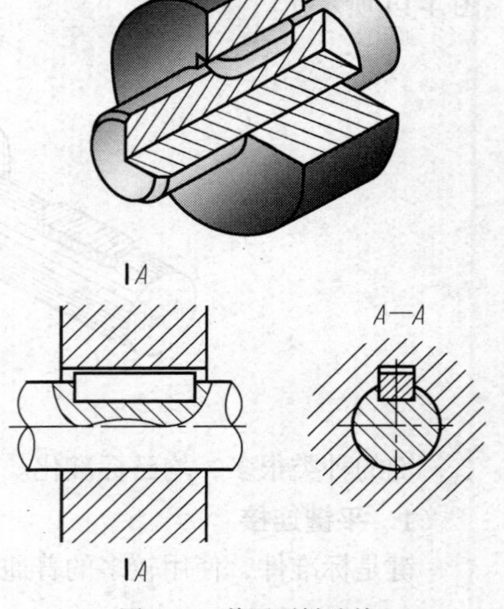

图 4-16　普通平键连接

2. 半圆键连接

半圆键连接常用于载荷不大的传动轴上，其工作原理和连接画法与普通平键相似，如图 4-17 所示。

3. 钩头楔键连接

钩头楔键的顶面有 1∶100 的斜度，装配时将键沿轴向嵌

入键槽内，靠键的上、下面接触受力而传递扭矩。绘图时键的顶面和侧面不留间隙，只画出一条粗实线，如图 4-18 所示。

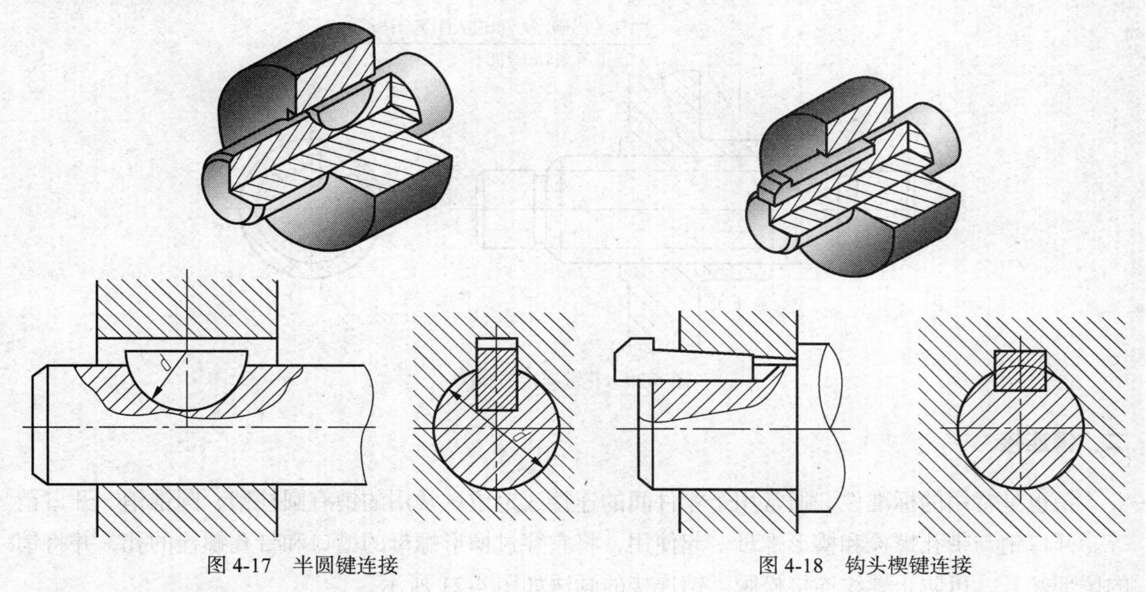

图 4-17 半圆键连接　　图 4-18 钩头楔键连接

4. 花键连接

花键连接具有连接可靠、导向性好、传递力矩大等特点，应用较广泛（如变速器齿轮轴等）。按齿形不同分为矩形花键、梯形花键、三角形花键和渐开线形花键等，结构与尺寸已标准化，可根据有关标准选用。本书主要介绍矩形花键连接的画法和标记。

矩形花键的规定画法如图 4-19 所示。

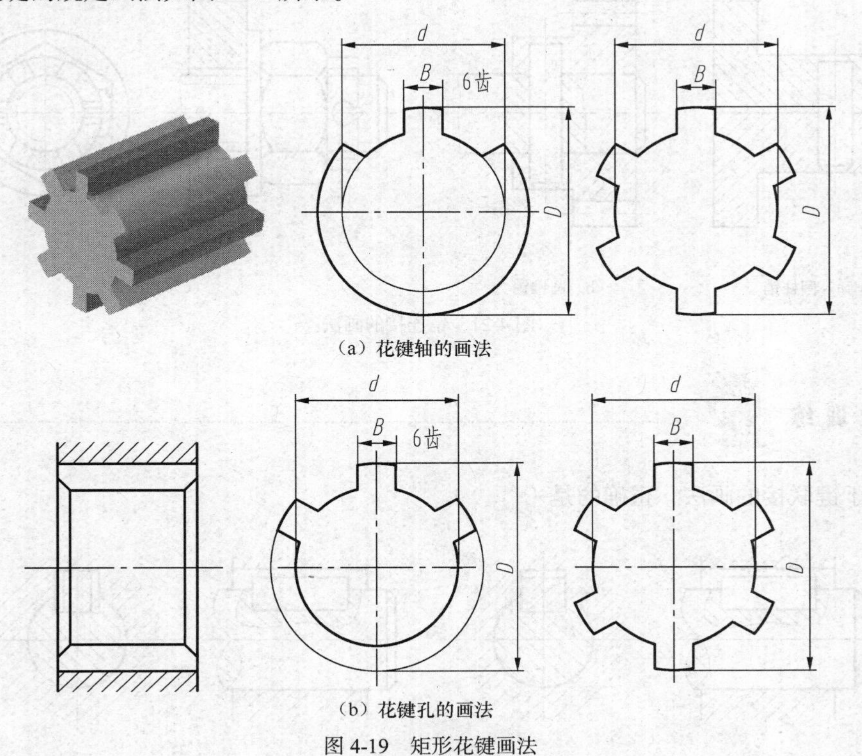

（a）花键轴的画法

（b）花键孔的画法

图 4-19 矩形花键画法

花键连接的画法和螺纹连接画法相似。花键也可用代号标注，形式为 $z\text{-}d \times D \times b$，其指引线必须由大径引出，如图 4-20 所示。

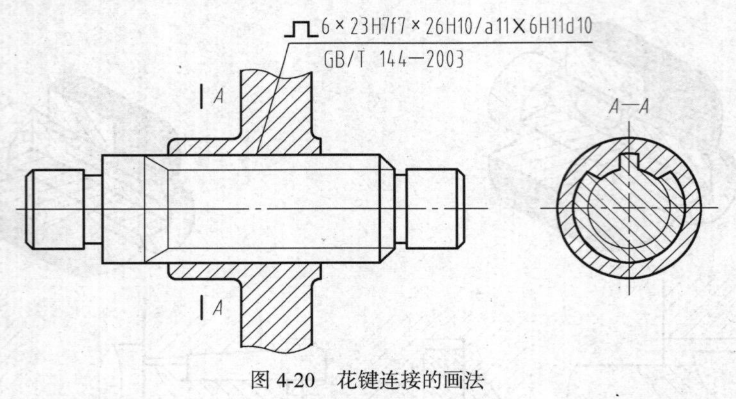

图 4-20　花键连接的画法

二、销连接

销也是常用的标准件，通常用于零件间的连接或定位。常用的销有圆柱销、圆锥销、开口销等。开口销与带孔螺栓和槽形螺母一起使用，将它穿过槽形螺母的槽口和带孔螺栓的孔，并将销的尾部叉开，可防止螺纹连接松脱。销连接的画法如图 4-21 所示。

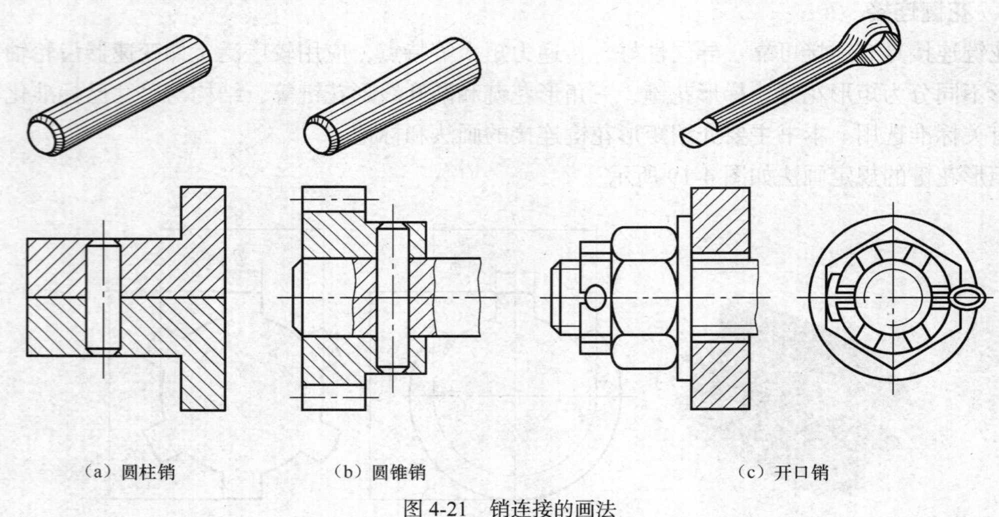

（a）圆柱销　（b）圆锥销　（c）开口销

图 4-21　销连接的画法

随堂训练

1. 关于键联接的画法，正确的是（　　）。

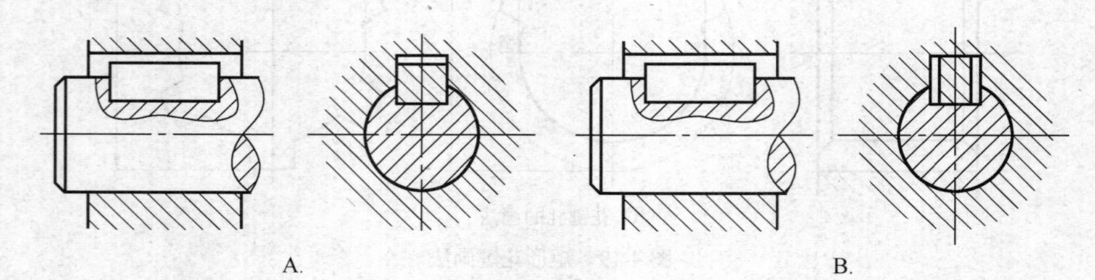

A.　B.

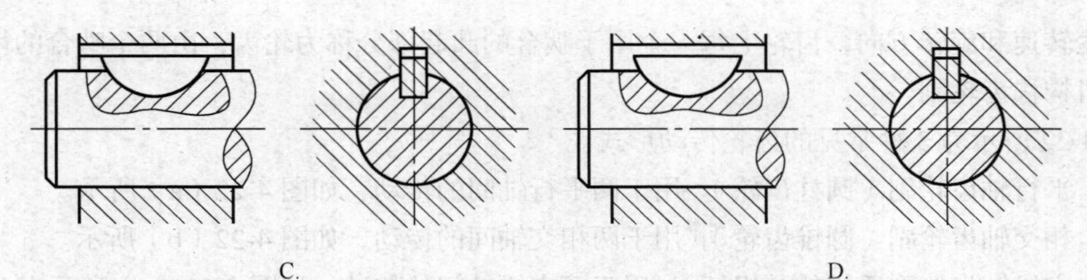

C.　　　　　　　　D.

2. 正常齿制的标准直齿圆柱齿轮的全齿高等于 9mm，则该齿轮的模数是（　　）。

A. 4.5　　　　B. 3　　　　C. 4　　　　D. 9

3. 用 A 型普通平键连接齿轮和轴。根据轴径（尺寸按 1∶1 从图中量取）查下面的表 4-3，以确定键和键槽的有关尺寸，然后回答下列问题。

（1）补画图中所缺的投影。

（2）在图的下方指定位置写出键的标记。

（3）若该装配体工作时载荷平稳，无大的冲击，则根据平键应用原则查附表，确定轴上键槽宽度尺寸的上偏差应为________，下偏差应为________。

（4）普通平键应用在什么场合？

答：

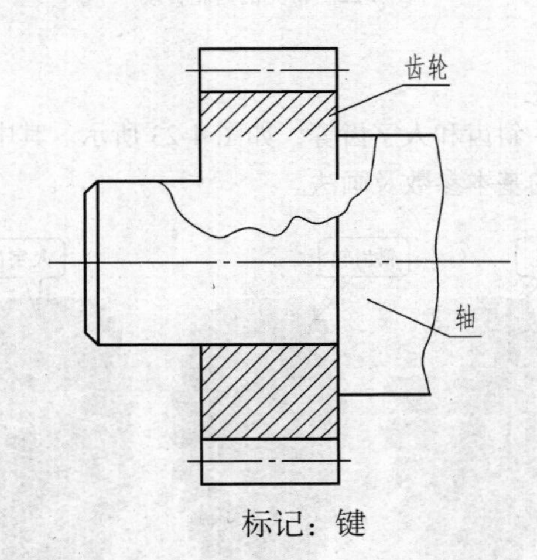

标记：键

表 4-3　　普通平键及键槽的尺寸（GB/T 1095、1096—2003）　　单位：(mm)

轴径 d	键的公称尺寸			键槽							
				宽度 b						深度	
					极限偏差						
	b	h	L	b	松连接		正常连接		紧密连接	轴	毂
					轴 H9	毂 D10	轴 N9	毂 JS9	轴和毂 P9	t_1	t_2
22～30	8	7	18～90	8	+0.036 0	+0.098 +0.040	0 −0.036	+0.018 −0.018	−0.015 −0.051	4.0	3.3
30～38	10	8	22～110	10						5.0	3.3
38～44	12	8	28～140	12	+0.043 0	+0.120 +0.050	0 −0.043	+0.0215 +0.0215	−0.018 −0.061	5.0	3.3
L 系列	14、16、18、20、22、25、28、32、36、40、45、50、56、63、70、80、90、100、110、125、140、160										

第三节　齿轮

齿轮是广泛应用于机器和部件中的传动零件，它能将一根轴的动力及旋转运动传递给另一轴，也可改变转速和旋转方向，齿轮上每一个用于啮合的凸起部分称为轮齿，由两个啮合的齿轮组成的基本机构称齿轮副。

图 4-22 所示为 3 种常见的齿轮传动形式。

（1）平行轴齿轮副（圆柱齿轮）。用于两平行轴间的传动，如图 4-22（a）所示。

（2）相交轴齿轮副（圆锥齿轮）。用于两相交轴间的传动，如图 4-22（b）所示。

（3）交错轴齿轮副（蜗轮与蜗杆）。用于两交错轴间的传动，如图 4-22（c）所示。

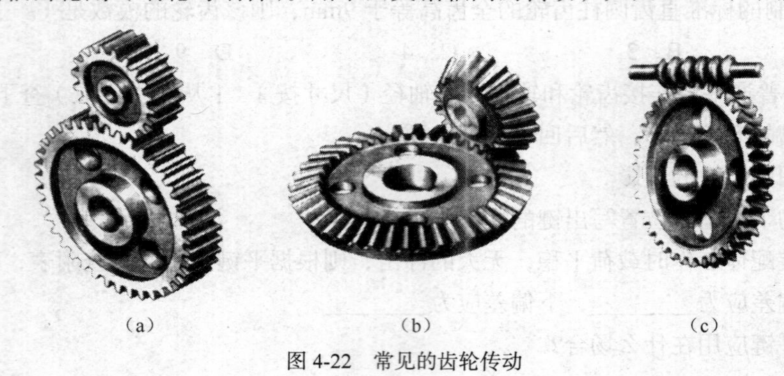

图 4-22　常见的齿轮传动

一、圆柱齿轮

圆柱齿轮的轮齿有直齿、斜齿和人字齿等，如图 4-23 所示。其中最常用的是直齿圆柱齿轮。本节主要介绍直齿圆柱齿轮的基本参数及画法。

图 4-23　圆柱齿轮的分类

1. 直齿圆柱齿轮各部分的名称和代号及尺寸关系

直齿圆柱齿轮各部分的名称和代号，如图 4-24 所示。

（1）齿数 z：一个齿轮的轮齿总数。

（2）齿顶圆直径 d_a：齿轮的齿顶圆柱面与端平面（垂直于齿轮轴线的平面）的交线称为齿顶圆，其直径用 d_a 表示。

（3）齿根圆直径 d_f：齿轮的齿根圆柱面与端平面的交线称为齿根圆，其直径用 d_f 表示。

（4）分度圆直径 d：圆柱齿轮的分度圆柱面与端平面的交线称为分度圆，其直径用 d 表示。分度圆是设计、计算齿轮各部分几何尺寸的基准圆，也是加工齿轮时作为齿数分度的圆。在标准情况下，齿厚与齿槽宽在分度圆上近似相等。

（5）节圆直径 d'：一对齿轮啮合时，两齿廓在两中心连线 O_1O_2 上的啮合接触点 C 称为节点。过节点的两个相切的圆，称为节圆，其直径用 d'表示。一对正确安装的标准齿轮，其节圆和分度圆相重合。

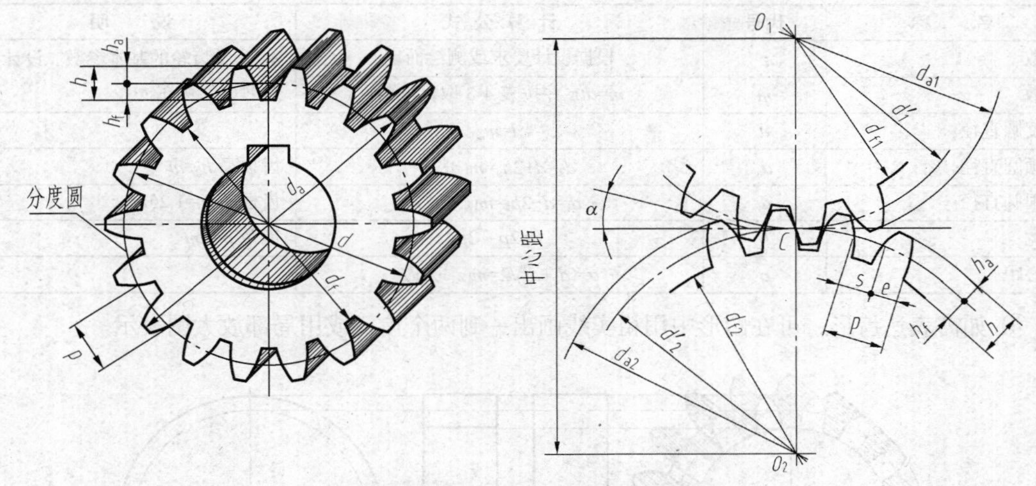

图 4-24 直齿圆柱齿轮各部分的名称和代号

（6）齿顶高 h_a：齿顶圆与分度圆之间的径向距离称为齿顶高，用 h_a 表示。

（7）齿根高 h_f：分度圆与齿根圆之间的径向距离称为齿根高，用 h_f 表示。

（8）全齿高 h：齿顶圆与齿根圆之间的径向距离，称为全齿高，用 h 表示，$h=h_a+h_f$

（9）齿距 p：分度圆上两个相邻轮齿齿廓对应点之间的弧长称为齿距，用 p 表示。标准齿轮，分度圆上齿厚与齿槽宽相等，即 $s=e=p/2$。

（10）齿厚 s：在分度圆上轮齿的弧长。

（11）齿槽宽 e：在分度圆上，一个齿轮槽的弧长。在标准齿轮上，$s=e$，$p=s+e$

（12）模数 m：设齿轮的齿数为 z，由于分度圆的周长$=\pi d=zp$，所以 $d=zp/\pi$。令比值 $p/\pi=m$，则 $d=mz$。m 称为齿轮的模数。因为一对啮合齿轮的齿距 p 必须相等，所以它们模数也必须相等。

模数是设计、制造齿轮的重要参数，它决定了轮齿的大小。为便于设计和加工，国家规定了统一的标准模数系列，如表 4-4 所示。

表 4-4　　标准模数系列（摘自 GB/T 1357—2008）

第 一 系 列	1,1.25,1.5,2,2.5,3,4,5,6,8,10,12,16,20,25,32,40,50
第 二 系 列	1.75,2.25,2.75,(3.25),3.5,(3.75),4.5,5.5,(6.5),7,9,(11),14,18,22,28,36,45

注：选用圆柱齿轮模数时，应优先选用第一系列，其次选第二系列，括号内的模数尽可能不用。

（13）齿形角（压力角）：一对齿轮啮合时，在分度圆上啮合点的法线方向与该点的瞬时速度方向所夹的锐角，用 α 表示。标准压力角 $\alpha=20°$。齿轮啮合时，模数和压力角必须相等。

（14）中心距：两啮合齿轮轴线间的距离称为中心距，用 a 表示。

标准直齿圆柱齿轮的轮齿各部分尺寸，都根据模数来确定，其计算公式如表 4-5 所示。

2. 直齿圆柱齿轮的规定画法

（1）单个圆柱齿轮的画法。一般用两个视图来表示单个齿轮，如图 4-25 所示。

① 齿顶线和齿顶圆用粗实线绘制。

② 分度线和分度圆用细点画线绘制。

③ 齿根线和齿根圆用细实线绘制，也可省略不画。在剖视图中齿根线用粗实线绘制，轮齿按不剖处理，即轮齿部分不画剖面线。

表 4-5　　标准直齿圆柱齿轮轮齿的各部分尺寸关系

名　　称	代号	计 算 公 式	说　　明
齿数	z	根据设计要求或测绘而定	m、z 是齿轮的基本参数，设计计算时应先确定 m、z
模数	m	$m=d/\pi$ 并按表 4-3 取标准值	
分度圆直径	d	$d=mz$	
齿顶圆直径	d_a	$d_2=d+2h_a=m(z+2)$	齿顶高 $h_a=m$
齿根圆直径	d_f	$d_f=d-2h_f=m(z-2.5)$	齿根高 $h_f=1.25m$
齿宽	b	$b=2p\sim3p$	齿距 $p=\pi m$
中心距	a	$a=(d_1+d_2)/2=m(z_1+z_2)/2$	

④ 如需表达齿形，可在图形中用粗实线画出一到两个齿，或用局部放大图表示。

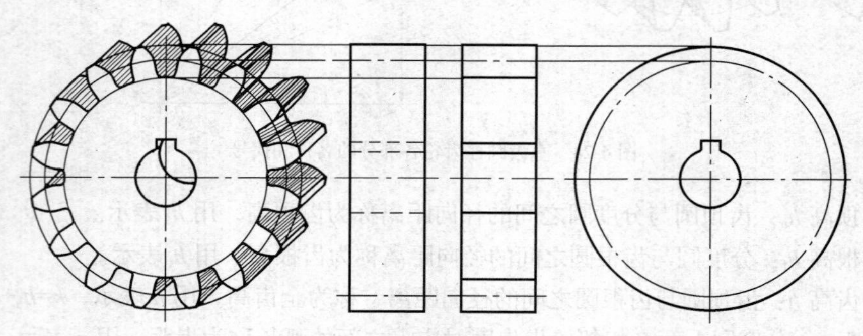

图 4-25　圆柱齿轮的规定画法

（2）圆柱齿轮的啮合画法。一般采用两个视图，如图 4-26 所示。

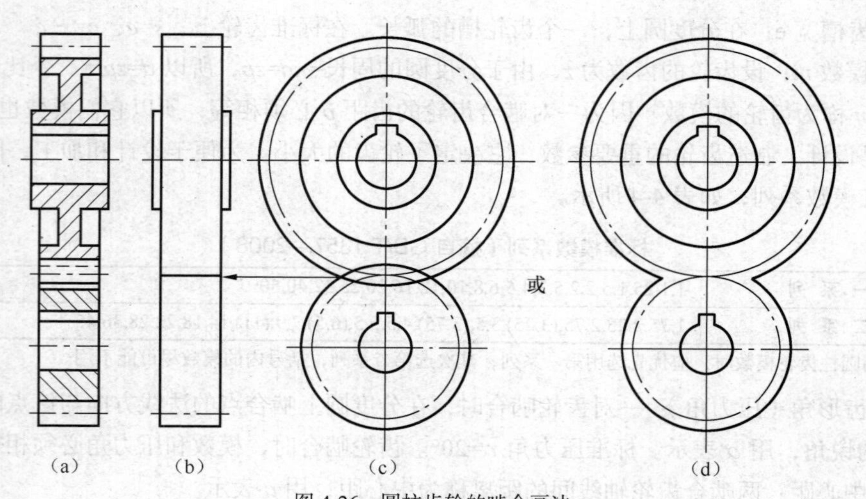

图 4-26　圆柱齿轮的啮合画法

① 在垂直于圆柱齿轮轴线的投影的视图中，两节圆应相切，啮合区的齿顶圆均用粗实线绘制，也可省略，如图 4-26（a）、（b）所示。

② 在剖视图中，当剖切平面通过两啮合齿轮的轴线时，在啮合区内，将一个齿轮的轮齿用粗实线绘制，另一个齿轮的轮齿被遮挡的部分用虚线绘制，如图 4-26（a）所示，也可省略不画。

③ 在平行于圆柱齿轮轴线的投影面的外形视图中，啮合区内的齿顶线不需要画出，节线用粗实线绘制，其他处的节线用点画线绘制，如图 4-26（b）所示。

二、圆锥齿轮

如图 4-27 所示，单个直齿锥齿轮主视图常采用全剖视图，在投影为圆的视图中规定用粗实线画出大端和小端的齿顶圆，用细点画线画出大端分度圆。齿根圆及小端分度圆均不必画出。

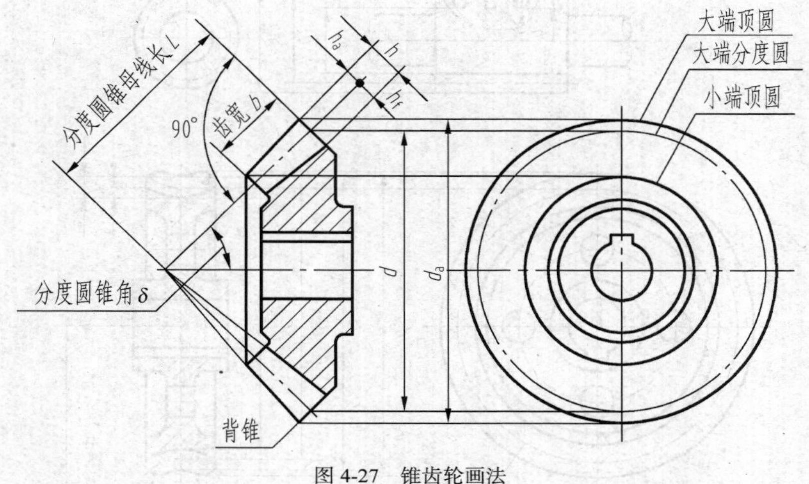

图 4-27　锥齿轮画法

如图 4-28 所示，锥齿轮啮合主视图画成全剖视图，两锥齿轮的节圆锥面相切处用细点画线画出；在啮合区内，应将其中一个齿轮的齿顶线画成粗实线，而将另一个齿轮的齿顶线画成细虚线或省略不画。

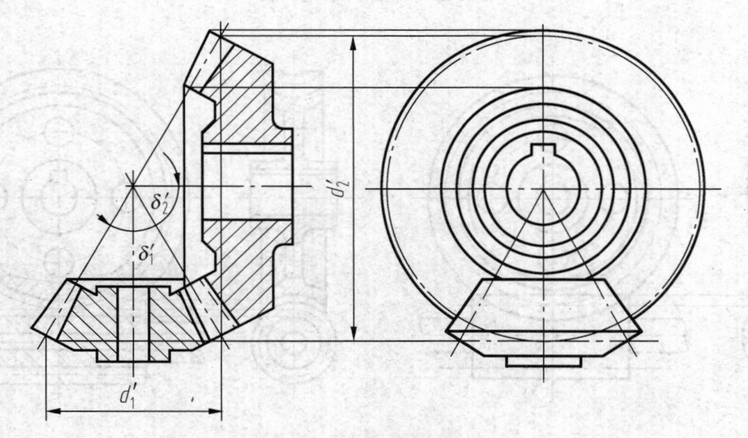

图 4-28　锥齿轮啮合画法

三、蜗杆与蜗轮

单个的蜗杆、蜗轮画法与圆柱齿轮的画法基本相同。

蜗杆的主视图上可用局部剖视或局部放大图表示齿形，齿顶圆用粗实线画出，分度圆用细点画线画出，齿根圆用细点画线画出或省略不画，如图 4-29（a）所示。

蜗轮通常用剖视图表达，在投影为圆的视图中，只画分度圆和齿顶圆，如图 4-29（b）所示。

图 4-30 所示为蜗杆与蜗轮啮合画法，其中图 4-30（a）所示为啮合时的外形视图，图 4-30（b）所示为蜗杆与蜗轮啮合时的剖视画法。画图时要保证蜗杆的分度线与蜗轮的分度圆相切。在蜗轮

投影不为圆的外形视图中，蜗轮被蜗杆遮住部分不画；在蜗轮投影为圆的视图中，蜗杆、蜗轮啮合区的齿顶圆都用粗实线画出。

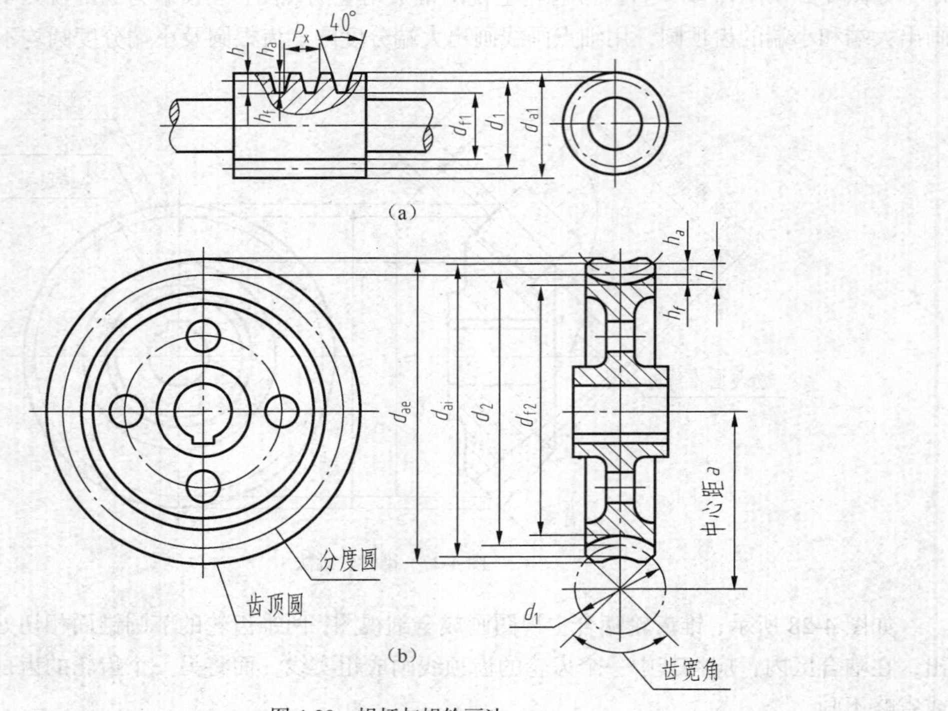

图 4-29 蜗杆与蜗轮画法

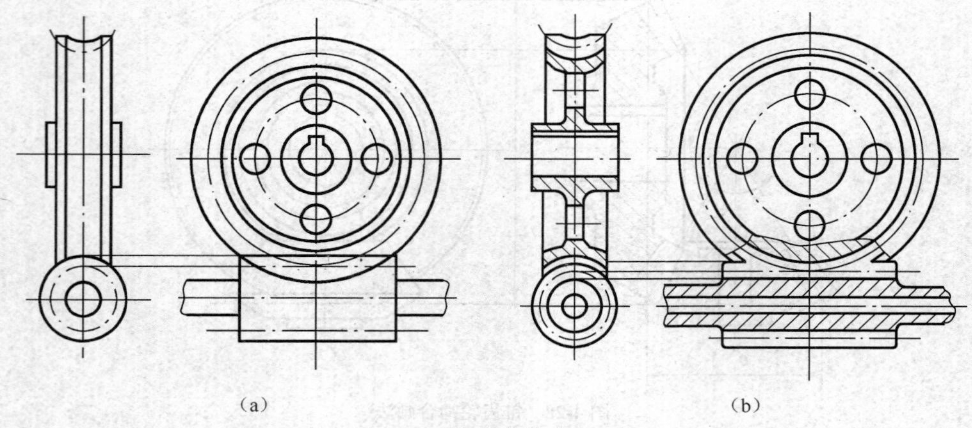

图 4-30 蜗杆与蜗轮啮合画法

随堂训练

1. 直齿圆柱齿轮，模数 m=5，齿数 z=40，倒角 $C2$，试计算该齿轮的齿顶圆、分度圆、齿根圆直径、齿顶高、齿根高、全齿高、齿距、齿厚、齿槽宽。

2. 已知两个平板直齿圆柱齿轮，m=3mm，z_1=16，两齿轮的中心距 a=60mm，试计算 z_2、两个齿轮的齿顶圆、分度圆、齿根圆直径。

第四节 弹簧

弹簧是机械、电器设备中常用的零件，它主要用于减震、夹紧、储存能量和测力等方面。弹簧的特点是去掉外力后，能立即恢复原状。弹簧的种类很多，常见的有圆柱螺旋弹簧、板弹簧、平面涡卷弹簧等。圆柱螺旋弹簧又分为压缩弹簧、拉伸弹簧和扭转弹簧。常见的弹簧种类如图 4-31 所示。

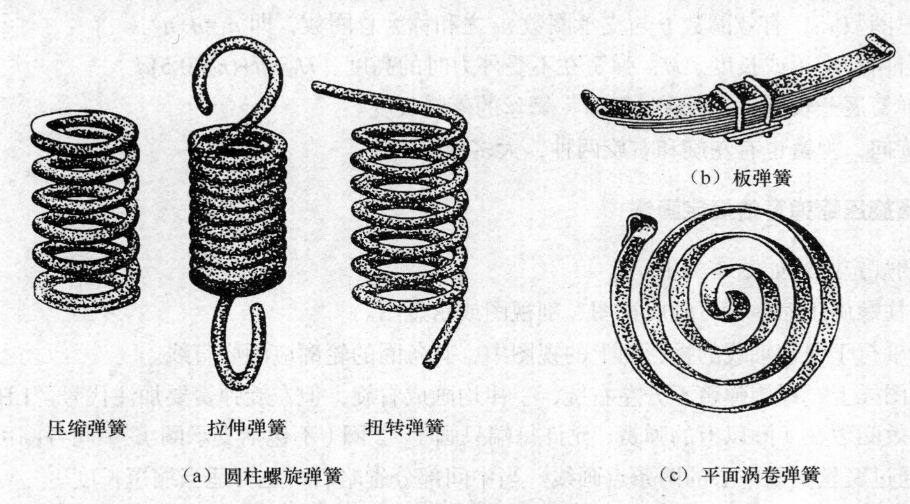

图 4-31 常用的弹簧

一、圆柱螺旋压缩弹簧的各部分名称及其尺寸关系

圆柱螺栓压缩弹簧的各部分名称及其尺寸关系如图 4-32 所示。

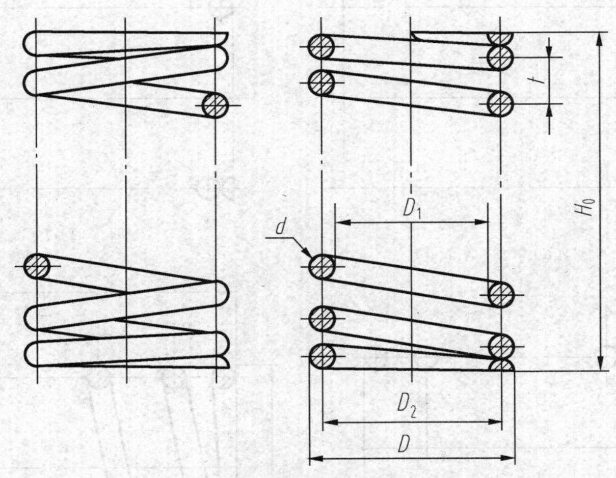

图 4-32 圆柱螺旋压缩弹簧的各部分名称及其尺寸关系

（1）弹簧丝直径 d，制造弹簧的钢丝直径，按标准选取。

（2）弹簧直径。

① 弹簧外径 D，为弹簧的最大直径，$D=D_2+d$。

② 弹簧内径 D_1，为弹簧的最小直径，$D_1=D_2-d=D-2d$。

③ 弹簧中径 D_2，为弹簧的平均直径，按标准选取。

（3）节距 t，除磨平压紧的支承圈外，两相邻有效圈截面中心线的轴向距离。

（4）支承圈数 n_2：为了使压缩弹簧工作时受力均匀，保证轴线垂直于支承端面，两端常并紧且磨平。这部分圈数仅起支承作用，称为支承圈。支承圈数有 1.5 圈、2 圈和 2.5 圈 3 种。其中 2.5 圈用得较多，即两端各并紧 1/2 圈，磨平 3/4 圈。

（5）有效圈数 n，保持节距相等的圈数。

（6）总圈数 n_1，有效圈数 n 与支承圈数 n_2 之和称为总圈数，即 $n_1=n+n_2$。

（7）自由高度（或长度）H，弹簧在不受外力时的高度。$H_0=nt+(n_2-0.5)d$

（8）弹簧展开长度 L，制造弹簧时，簧丝的落料长度。

（9）旋向，弹簧也有左旋和右旋两种，大多数是右旋。

二、圆柱螺旋压缩弹簧的规定画法

弹簧的规定画法如图 4-33 所示。

① 圆柱螺旋压缩弹簧可画成视图、剖视图或示意图。

② 在平行于弹簧轴线的投影面上的视图中，其各圈的轮廓应画成直线。

③ 在图样上，螺旋弹簧不分左右旋，一律均画成右旋，但左旋弹簧要加注代号“LH”。

④ 有效圈数在 4 圈以上的弹簧，允许每端只画 1～2 圈（不包括支承圈），中间各圈可省略不画，只画通过簧丝剖面中心的两条点画线。当中间部分省略后，也可适当缩短长度。

⑤ 螺旋压缩弹簧两端并紧且磨平时，不论支承圈多少，均可按 2.5 圈绘制。

⑥ 当弹簧被剖切，簧丝直径在图上小于 2 mm 时，其剖面可以涂黑表示，也可采用示意图画法。

⑦ 在装配图中，弹簧中间各圈采取省略画法后，弹簧后面被挡住的零件轮廓不必画出。

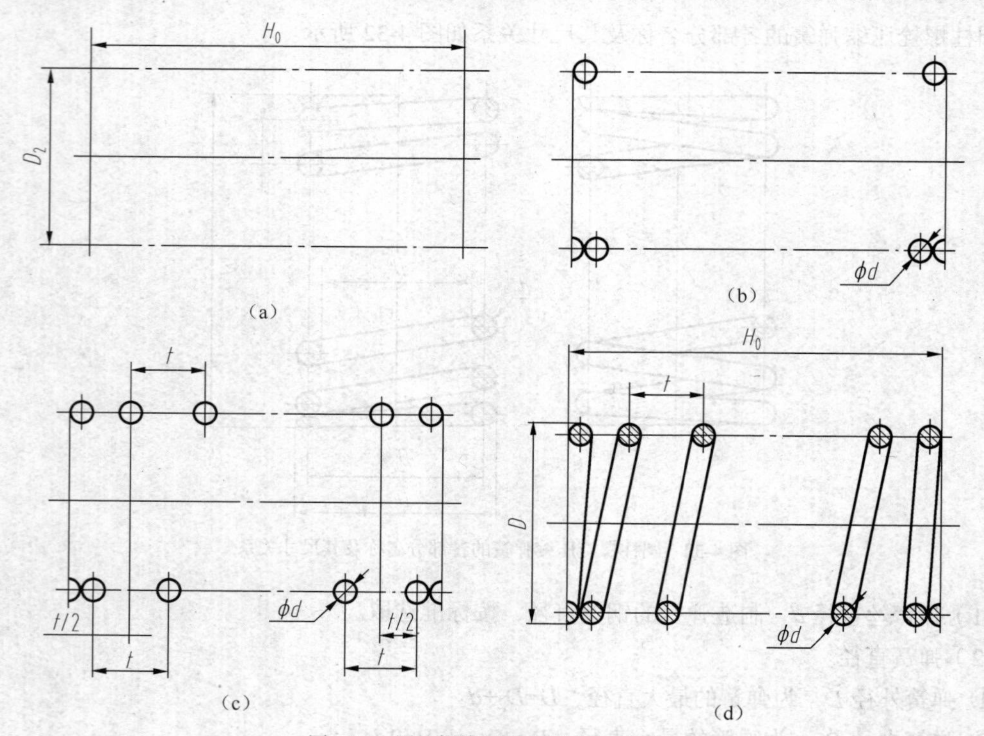

图 4-33　圆柱螺旋压缩弹簧的规定画法

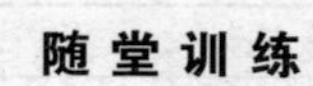

已知圆柱螺旋压缩弹簧的簧丝直径为 5mm，弹簧中径为 40mm，节距为 10mm，自由长度为 76mm，支承圈数为 2.5，右旋。画出弹簧剖视图，并标注尺寸。

第五节 滚动轴承

滚动轴承是支撑传动轴及承受轴载荷的标准组合件。其结构紧凑，摩擦力小，在机器上广泛使用。

一、滚动轴承的结构及表示法

滚动轴承按承受载荷情况，一般可分为下述 3 类：向心轴承，主要承受径向载荷，如深沟球轴承；推力轴承，仅承受轴向载荷，如推力球轴承；向心推力轴承，同时承受轴向和径向载荷，如圆锥滚子轴承。

滚动轴承的种类繁多，但其结构大体相同，一般由外圈、内圈、滚动体和保持架组成，如图 4-34 所示。因保持架的形状复杂多变，滚动体的数量又较多，设计绘图时若用真实投影表示，则极不方便，为此，国家标准规定了简化的表示法。

滚动轴承的表示法包括 3 种画法，即通用画法、特征画法和规定画法，前两种画法又称简化画法，各种画法的示例如表 4-6 所示。

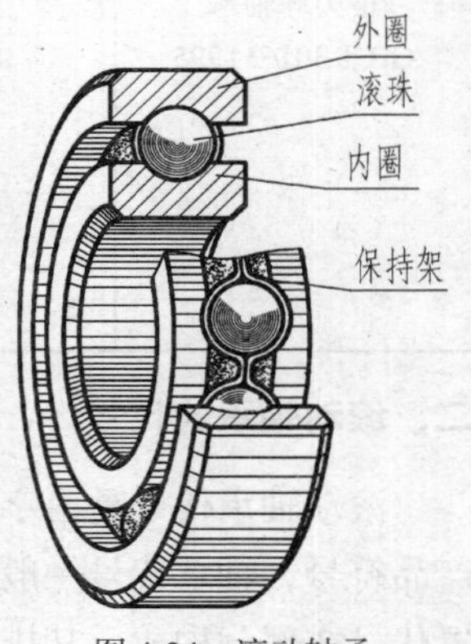

图 4-34 滚动轴承

表 4-6 常用滚动轴承的表示法

类 型	特 征 画 法	规 定 画 法
深沟球轴承 GB/T 276—1994	2B/3, A, B/6, d, D, B	B, B/2, A, A/2, A/2, 60°, d, D

续表

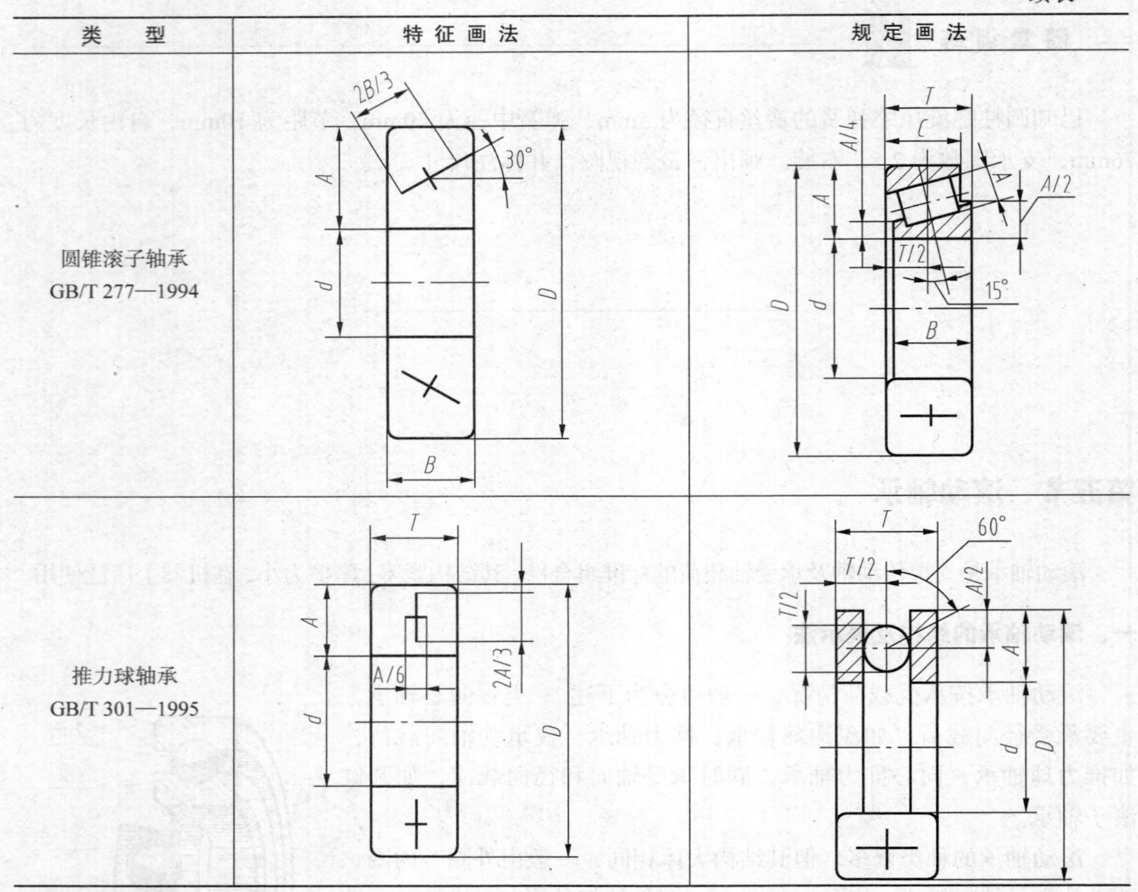

类型	特征画法	规定画法
圆锥滚子轴承 GB/T 277—1994		
推力球轴承 GB/T 301—1995		

二、滚动轴承的代号

滚动轴承代号是由字母加数字来表示滚动轴承的结构、尺寸、公差等级、技术性能等特征的产品符号，轴承代号一般打印在轴承端面上。国家标准规定轴承代号由基本代号、前置代号和后置代号 3 部分构成，其排列方式如下：

前置代号　基本代号　后置代号

（1）基本代号（滚针轴承除外）。基本代号表示轴承的基本类型、结构和尺寸，是轴承代号的基础。基本代号由轴承类型代号、尺寸系列代号、内径代号构成，其排列顺序如下：

轴承类型代号　尺寸系列代号　内径代号

轴承类型代号用阿拉伯数字或大写字母表示，如表 4-7 所示。

表 4-7　轴承类型代号

代号	轴承类型	代号	轴承类型
0	双列角接触轴承	6	深沟球轴承
1	调心球轴承	7	角接触轴承
2	调心滚子轴承和推力调心滚子轴承	8	推力圆柱滚子轴承
3	圆锥滚子轴承	N	圆柱滚子轴承
4	双列深沟球轴承	U	外球面球轴承
5	推力球轴承	QJ	4 点接触球轴承

尺寸系列代号由轴承的宽（高）度系列代号和直径系列代号组合而成，用两位阿拉伯数字来表示。它的主要作用是区别内径相同而宽度和外径不同的轴承，具体代号需查阅相关标准。

内径代号表示轴承的公称内径，一般用两位阿拉伯数字表示。内径代号的表示有两种情况：当内径不小于 20mm 时，则内径代号数字为轴承公称内径除以 5 的商数，当商数为一位数时，需在左边加“0”；当内径小于 20mm 时，则内径代号另有规定。

（2）前置、后置代号。前置代号用字母表示，后置代号用字母（或加数字）表示。前置、后置代号是轴承在结构形状、尺寸、公差、技术要求等有改变时，在其基本代号左右添加的代号，其含义可查阅相关标准。

例如轴承代号 6204 的含义为：6 表示类型代号，表示深沟球轴承；2 表示尺寸系列，表示轻窄系列；04 表示内径代号，表示轴承内径 4×5=20 mm。

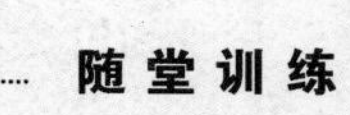

1. 解释下列滚动轴承的含义。

7207	6602	51310
内径__________	内径__________	内径__________
轴承类型__________	轴承类型__________	轴承类型__________

2. 在轴端画出下列轴承。

（1）滚动轴承 30206（采用特征画法）。

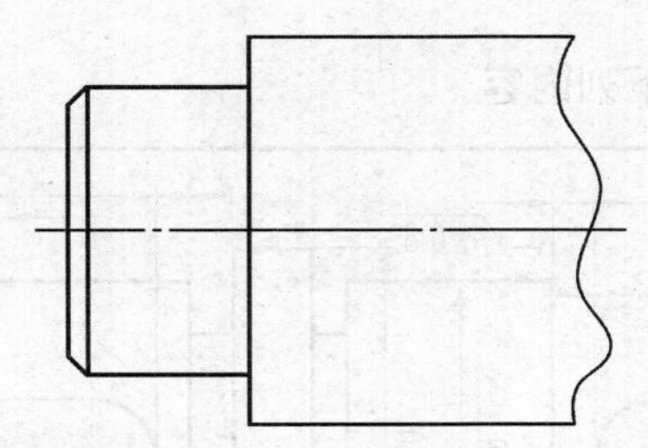

（2）滚动轴承 6206（采用规定画法）。

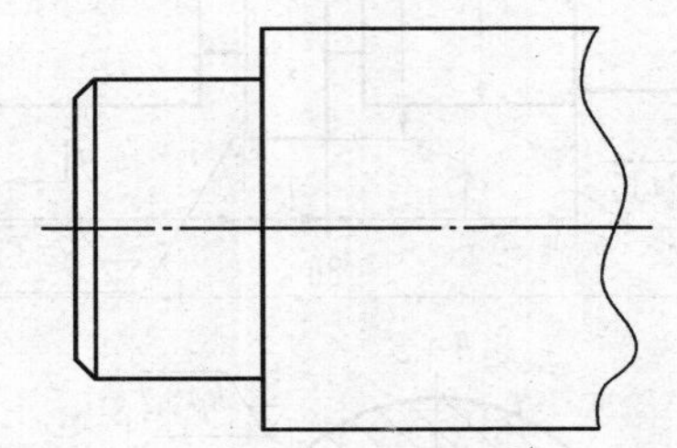

第五章

零件图

第一节　零件图概述

一、零件图的作用

零件是组成机器或部件的基本单位。每一台机器或部件都是由许多零件按一定的装配关系和技术要求装配起来的。要生产出合格的机器或部件，必须首先制造出合格的零件。而零件又是根据零件图来进行制造和检验的。零件图是用来表示零件结构形状、大小及技术要求的图样，是直接指导制造和检验零件的重要技术文件。机器或部件中，除标准件外，其余零件，一般均应绘制零件图。

二、零件图的内容

一张标准的零件图，应包括下列内容。

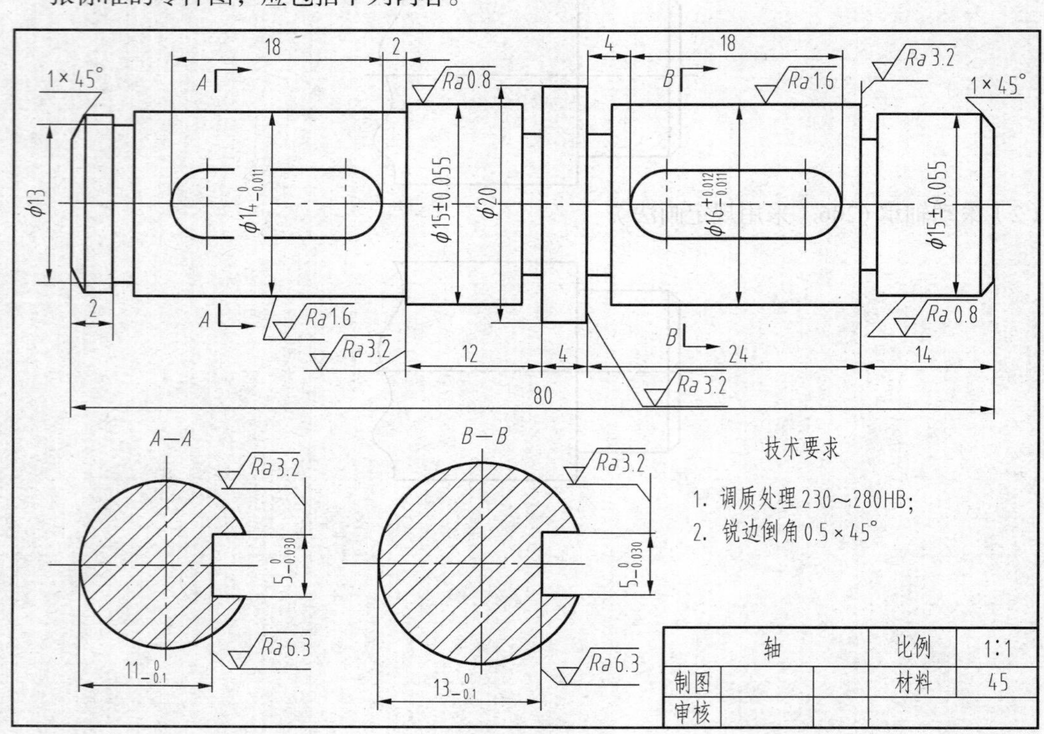

图 5-1　轴零件图

1. 一组图形

用一定数量的视图、剖视图、剖面图及其他规定画法，表示零件各部分内外结构的形状。

2. 完整的尺寸

标注出零件各部分的大小及相对位置尺寸，以满足制造、检验和装配时的需要。尺寸标注要正确、完整、清晰、合理。

3. 技术要求

用代号、符号标注或文字说明，表达出制造、检验和装配过程中应达到的一些技术上的要求，如：表面粗糙度、尺寸公差、形状和位置公差、热处理及表面处理要求等。

4. 标题栏

标题栏中应填写包括零件的名称、材料、数量、图号、比例以及制图、核准人员的姓名和日期等。图 5-1 所示为一张轴零件图。

第二节　零件图的视图表达

选择一个恰到好处的表达方案是画好零件图的关键。零件图视图的表达方案要综合考虑零件的结构特点、加工方法、以及它在机器（部件）中所处的位置等因素。

一、主视图的选择

主视图是一组图形的核心视图，它在表达方案中占支配地位，主视图的选择合理与否，将直接影响其他视图的数量、位置、以及绘图、读图的方便，因此，选择好主视图是零件视图选择的关键。

从方便读图、方便加工等生产要求出发，在选择主视图时，应考虑以下两方面。

1. 主视图投影方向的确定

确定主视方向要遵照表达形状特征原则，即主视图应能反映出零件较突出的形状特征，能使读图人较快地看清零件的轮廓形状。如图 5-2 的轴类零件，从 C 方向得到的视图是一些同心圆，反映不出零件形状特征。B 方向得到的视图基本能反映特征，但轴上的键槽未表达清楚，A 方向的视图不仅能反映零件的形状特征还能表达出键槽的形状，所以，应选定 A 方向作为主视方向。

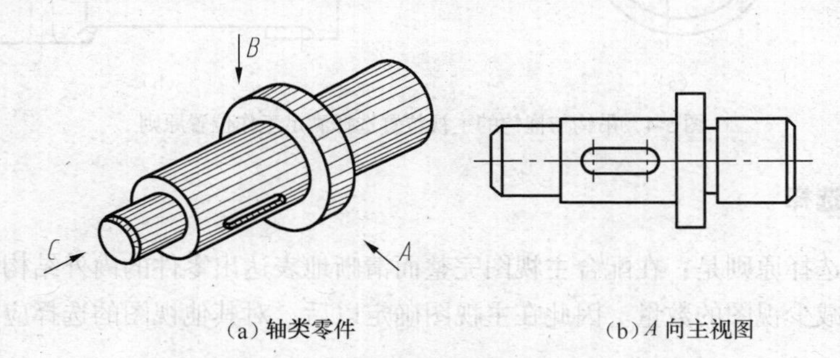

（a）轴类零件　　（b）A 向主视图

图 5-2　主视图应反映形状特征

2. 主视图方向的选择原则

（1）符合加工位置原则。零件图的主要作用是指导加工零件，因此，主视图的摆放位置应尽量与加工位置相一致，这样在加工时，看图、检测方便减少差错。通常对轴、套、盘等回转体零件，其主要视图一般按加工位置来确定，即轴线呈水平放置，如图 5-1、图 5-2 和图 5-3 所示。

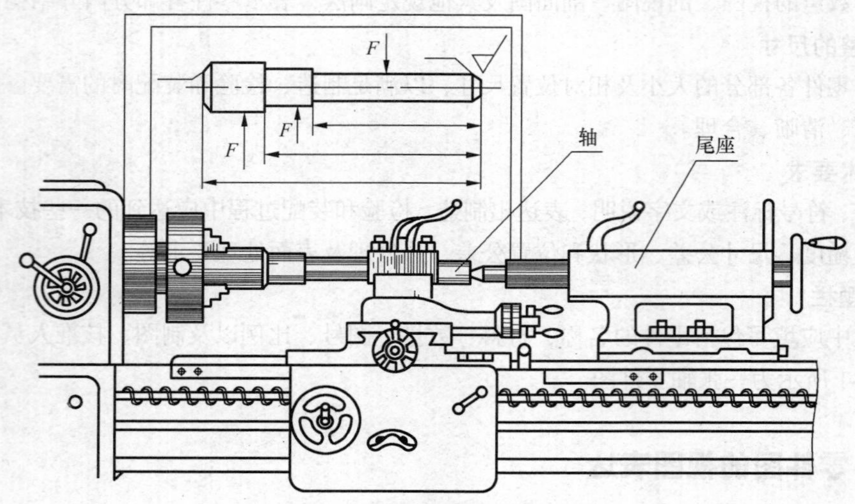

图 5-3　轴的主视位置选择满足加工位置原则

（2）符合工作位置原则。如果零件有多种加工位置，但该零件具有较固定的工作位置时，那么主视图的摆放应尽量与该零件在机器或部件中的工作位置相一致。这样，在读图时能较容易地从主视图把零件与机器或部件联系起来，想象出它的工作情况，通常对钩、支架、箱体等零件，其主视图一般按工作位置来确定，如图 5-4 所示。

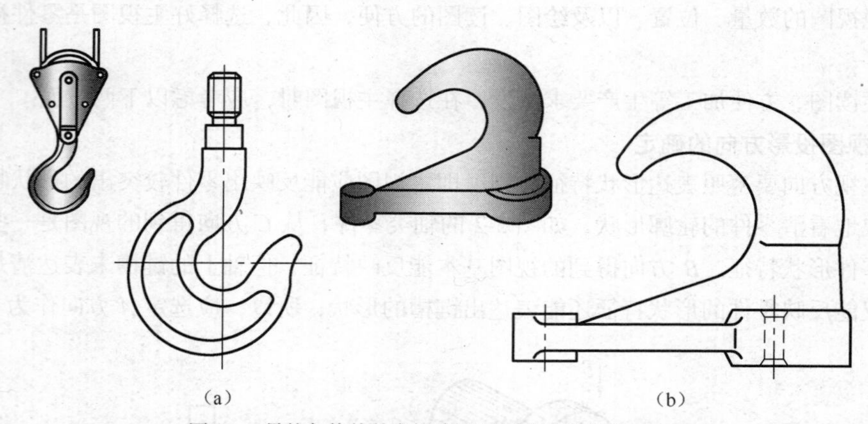

图 5-4　吊钩与拖钩的主视位置选择满足工作位置原则

二、其他视图的选择

其他视图的选择原则是：在配合主视图完整而清晰地表达出零件的内外结构形状和便于读图的前提下，力求减少视图的数量。因此在主视图确定以后，对其他视图的选择应着重从以下几方面来考虑。

（1）所选视图都应具有独立存在的意义，即每个视图都有各自的表达重点内容，以免视图数量过多，导致重复，主次不分。

（2）综合运用各种表达方法，使图形少，表达清楚。如用局部视图替代基本视图；用半剖视图或局部视图，使图形内外兼顾；用断面图、局部放大图等画法来表达细节。

（3）举例。

① 有些结构简单的回转体零件，加以尺寸标注，只需一个视图就可完整、清晰。如图 5-5 所示，同轴组合或不同轴组合的回转体零件，由于尺寸标注中有“ϕ”和“$S\phi$”等符号，因此一个主视图就足够了。

② 如图 5-6 所示不完全回转体零件，只用一个视图就不能完整地表达其结构形状，必须用半剖的主视图和一个左视图，才能完全清楚地表达其内外结构。

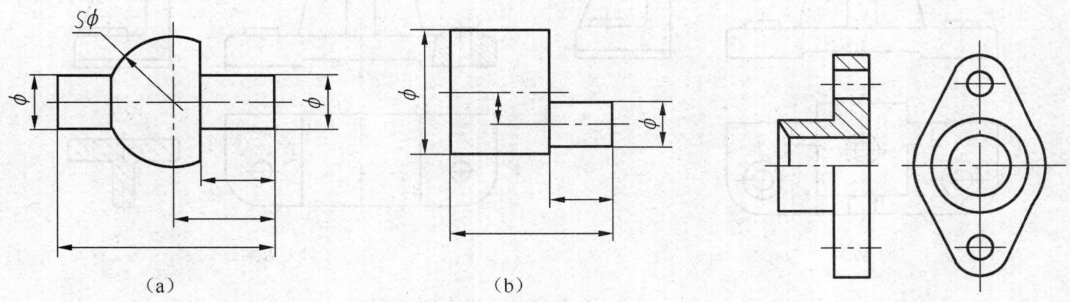

图 5-5 只需一个视图表达的零件

图 5-6 需两个视图表达的零件

③ 如图 5-7 所示，壳体零件，应采用 3 个视图。主视图因左右对称，用半剖视图表示内腔，局部剖视图表达小孔的内形。俯视图表达了 3 部分结构间的相互位置关系、4 个小孔的分布情况及底板上的 4 个圆角，并用局部剖视显示了内腔圆角的形状。左视图主要用全剖视表达内腔，还在肋板上采用重合断面图表达了肋板断面形状。

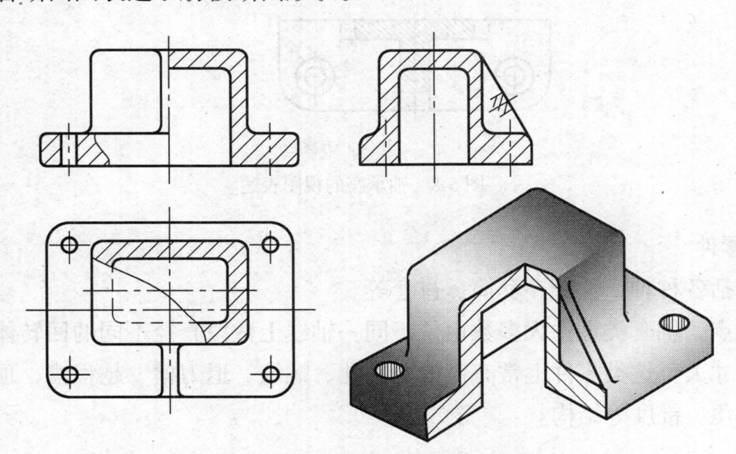

图 5-7 需用 3 个视图表达的零件

④ 图 5-8 所示为轴承座零件的 3 种表达方案。从图 5-8（a）看用了 3 个视图表达，但肋板的断面形状没有表达清楚；而图 5-8（b）多用了一个视图。综合起来看图 5-8（c）的表达方案最佳。

综上所述，一个好的表达方案应该是表达正确、完整，图形简明清晰，由于机器零件的结构形状是多种多样的，而表达方案选择的灵活性又较大，对初学者来说，首先应致力于表达完整，然后在读图、画图的不断实践和比较中，逐步提高表达能力和技巧。

三、常见零件的表达分析

虽然零件的结构形状是千变万化各不相同的，其表达方案也会各异，但从零件的结构形状和表达方法的共性来分析，一些常见的零件可以分成4种类型：轴套类、轮盘类、叉架类和箱体类，如表5-1所示。每一类零件的结构都有相似之处，其表达方法一般也类似，因此下面以部分零件为例，分析各类零件的常见表达方法。

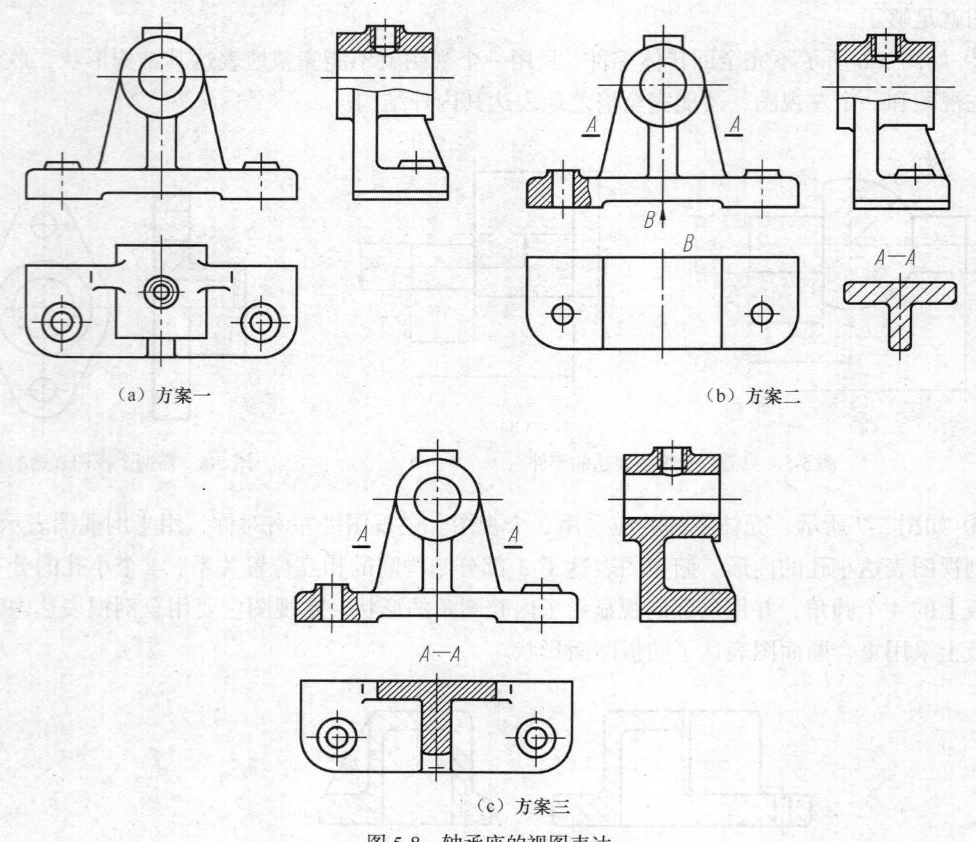

（a）方案一　（b）方案二

（c）方案三

图5-8　轴承座的视图表达

1. 轴套类零件

这类零件包括各种轴、丝杆、套筒、衬套等。

（1）结构特点。轴套类零件大多数由位于同一轴线上数段直径不同的回转体组成，其轴向尺寸一般比径向尺寸大。这类零件上常有键槽、销孔、螺纹、退刀槽、越程槽、顶尖孔（中心孔）、油槽、倒角、圆角、锥度等结构。

表5-1　零件的分类

轴套类	轮轴	套筒
轮盘类	手轮	端盖

续表

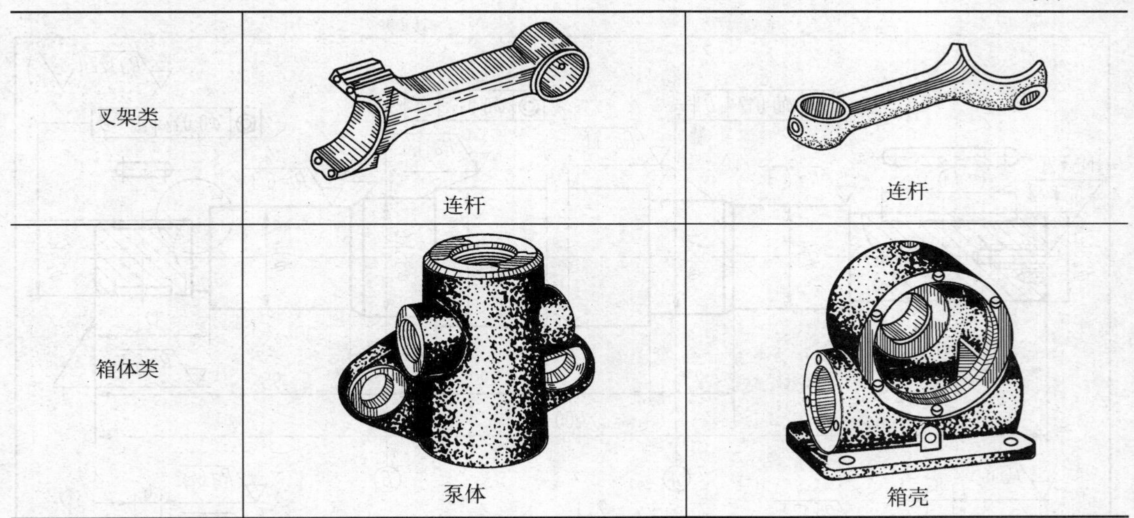

（2）表达方法。轴套类零件一般主要在车床和磨床上加工，为便于操作人员对照图样进行加工，通常采用以下几种表达方法。

① 选择垂直于轴线的方向作为主视图的投射方向。按加工位置原则选择主视图的位置，即将轴类零件的轴线侧垂放置。

② 一般只用一个完整的基本视图（即主视图）即可把轴套上各回转体的相对位置和主要形状表示清楚，如图 5-8、图 5-9 所示。

③ 常用局部视图、局部剖视、断面图、局部放大图等补充表达主视图中尚未表达清楚的部分，如图 5-1、图 5-9、图 5-10 所示。

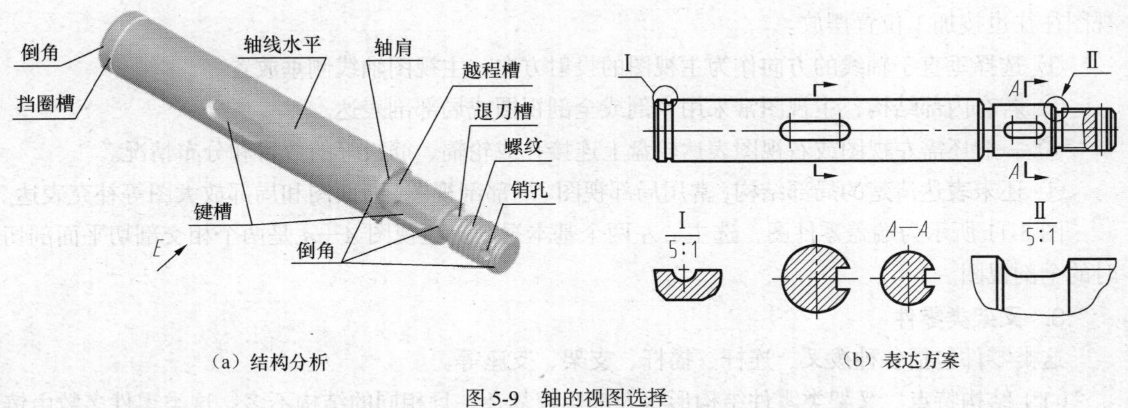

（a）结构分析　　（b）表达方案

图 5-9　轴的视图选择

④ 对于形状简单而轴向尺寸较长的部分常断开后缩短绘制，如图 5-10 所示。

图 5-10 中所示的主轴，其主视图采用局部剖、断裂画法，再用两个移出断面图和两个局部视图，一个局部放大图，轴的结构形状就完全表达清楚了。

2. 轮盘类零件

这类零件包括齿轮、手轮、皮带轮、飞轮、法兰盘、端盖等。

（1）结构特点。轮盘类零件的主体一般也为回转体，与轴套零件不同的是，轮盘类零件轴向尺寸小而径向尺寸较大。这类零件上常有退刀槽、凸台、凹坑、倒角、圆角、轮齿、轮辐、筋板、螺孔、键槽和作为定位或连接用孔等结构。

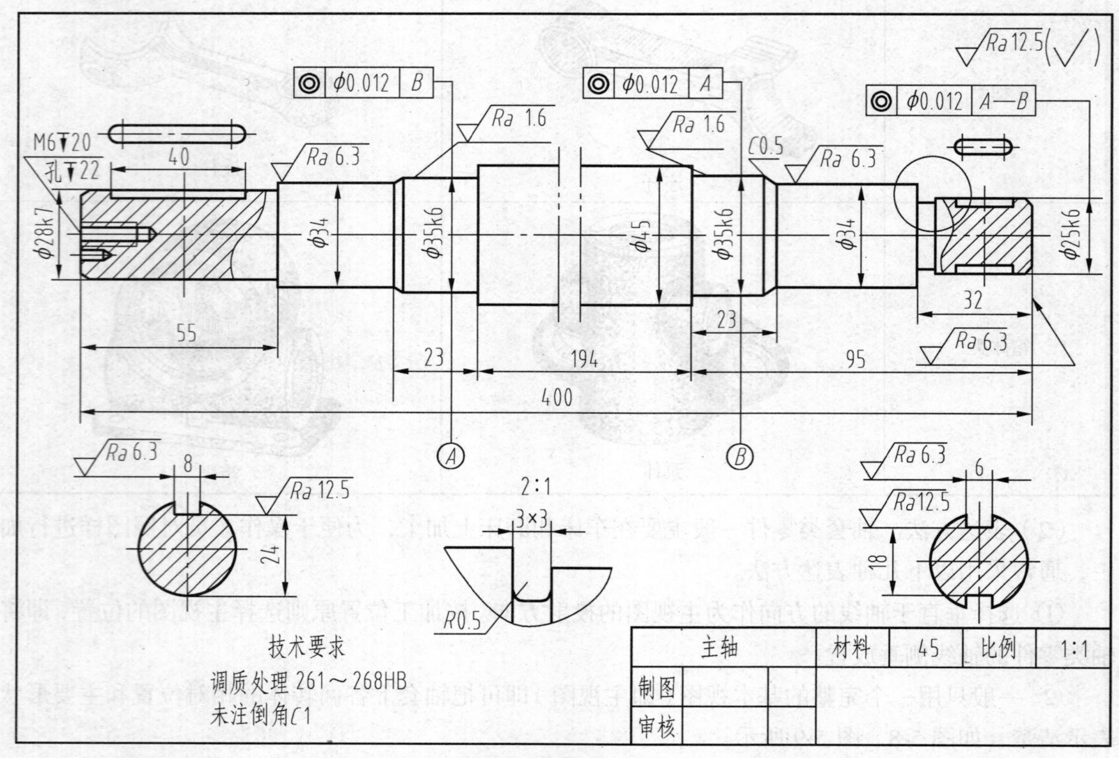

图 5-10　主轴零件图

（2）表达方法。由于轮盘类零件的多数表面也是在车床上加工的，为方便工人对照看图，主视图往往也按加工位置摆放。

① 选择垂直于轴线的方向作为主视图的投射方向。主视图轴线侧垂放置。

② 若有内部结构，主视图常采用半剖或全剖视图或局部剖表达。

③ 一般还需左视图或右视图表达轮盘上连接孔或轮辐、筋板等的数目和分布情况。

④ 还未表达清楚的局部结构，常用局部视图、局部剖视图、断面图和局部放大图等补充表达。

图 5-11 所示为端盖零件图，选主、左两个基本视图。主视图 *A—A* 是两个相交剖切平面剖切时的全剖视图。

3. 叉架类零件

这类零件包括各种拨叉、连杆、摇杆、支架、支座等。

（1）结构特点。叉架类零件结构形状大都比较复杂，且相同的结构不多。这类零件多数由铸造或锻模制成毛坯后，经必要的机械加工而成。这类零件上的结构，一般可分为工作部分和连接部分。工作部分指该零件与其他零件配合或连接的套筒、叉口、支承板、底板等。联接部分指将该零件各工作部分联接起来的薄板、筋板、杆体等。零件上常具有铸造或锻造圆角、拔模斜度、凸台、凹坑或螺栓过孔、销孔等结构。

（2）表达方法。由于这类零件工作位置有的固定，有的不固定，加工位置变化也较大，因而一般用下列表达方法。

① 按最能反映零件形状特征的方向作为主视图的投射方向。按自然摆放位置或便于画图的位

置作为零件的摆放位置。

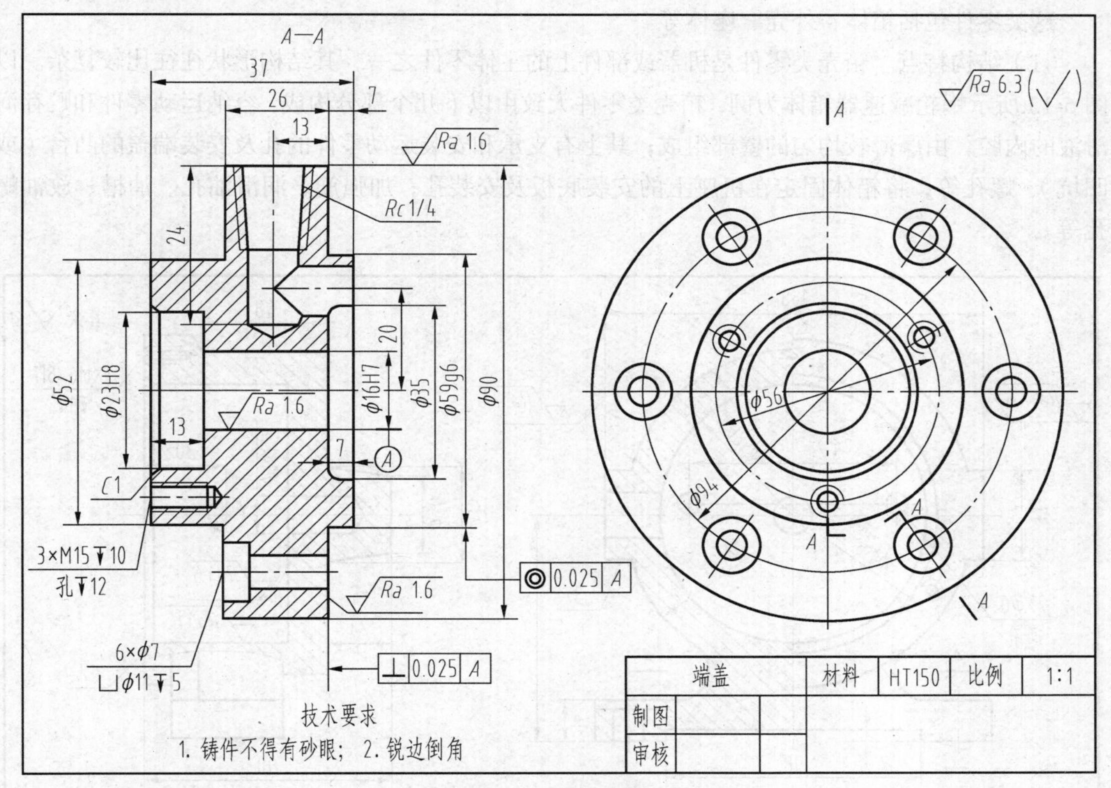

图 5-11　端盖零件图

② 除主视图外，一般还需 1 ~ 2 个基本视图才能将零件的主要结构表达清楚。

③ 常用局部视图或局部剖视图表达零件上的凹坑、凸台等结构。

④ 筋板、杆体等结构常用断面图表示其断面形状。

⑤ 一般用斜视图表达零件上的倾斜结构。

图 5-12 所示为铣床上的拨叉，用来拨动变速齿轮。主视图和左视图表达了拨叉的工作部分（上部叉口和下部套筒）和联系部分（中部薄板和筋板）的结构和形状以及相互位置关系，另外用了一个局部移出断面图表达筋板的断面形状。

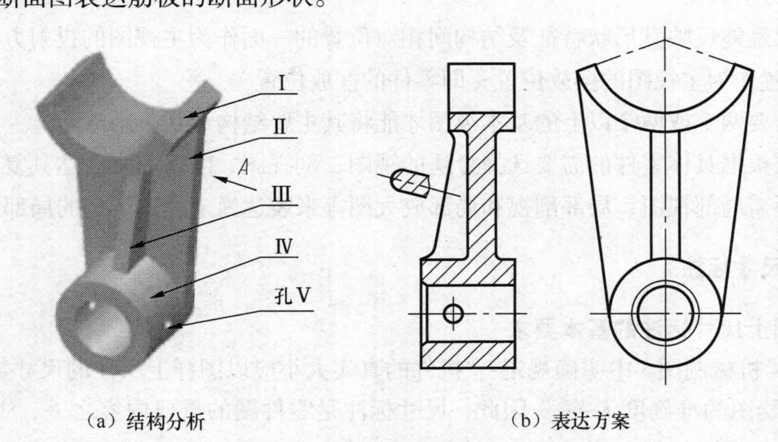

（a）结构分析　　　　（b）表达方案

图 5-12　拨叉的视图选择

4. 箱体类零件

这类零件包括箱体、外壳、座体等。

（1）结构特点。箱壳类零件是机器或部件上的主体零件之一，其结构形状往往比较复杂。以图 5-13 所示蜗轮减速器箱体为例，箱壳类零件大致由以下几个部分构成：容纳运动零件和贮存润滑液的内腔，由厚薄较均匀的壁部组成；其上有支承和安装运动零件的孔及安装端盖的凸台（或凹坑）、螺孔等；将箱体固定在机座上的安装底板及安装孔；加强筋、润滑油孔、油槽、放油螺孔等。

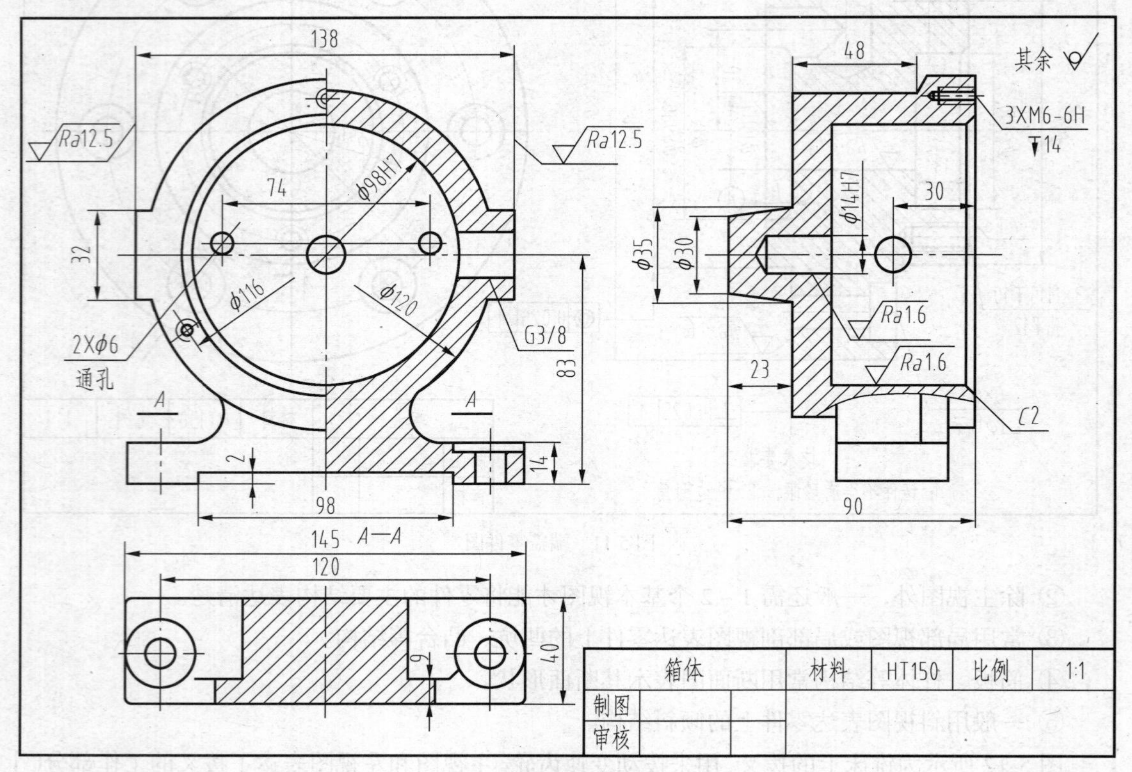

图 5-13　箱体零件图

（2）表达方法。

① 通常以最能反映其形状特征及结构间相对位置的一面作为主视图的投射方向。以自然安放位置或工作位置作为主视图的摆放位置（即零件的摆放位置）。

② 一般需要两个或两个以上的基本视图才能将其主要结构形状表示清楚。

③ 一般要根据具体零件的需要选择合适的视图、剖视图、断面图来表达其复杂的内外结构。

④ 往往还需局部视图、局部剖视和局部放大图等来表达尚未表达清楚的局部结构。

四、零件图的尺寸标注

1. 零件图上尺寸标注的基本要求

国家标准《机械制图》中明确规定："机件的真实大小应以图样上所注的尺寸数值为依据，与图形的大小及绘图的准确度无关。"因此，尺寸标注是零件图的重要内容之一，应符合下列基本要求。

正确——尺寸注法必须符合国家标准的规定。

完整——各类尺寸必须标注齐全，不遗漏，不重复，也不相互矛盾。

合理——所注尺寸既能保证设计要求，又能适合加工、测量、装配等工艺要求。

2. 正确选择尺寸基准

尺寸标注的合理性，主要是指标注的尺寸要符合设计和工艺要求，为此要求正确选择尺寸基准作为标注尺寸的起点。

（1）尺寸基准的几何形式。

① 点基准。常见的是零件的回转中心如圆盘凸轮的基圆圆心，如图 5-14（c）所示的凸轮，其轮廓曲线上各点尺寸是以凸轮的基圆圆心为尺寸基准。

② 线基准。常见的是回转零件的轴线，如图 5-14（a）所示的小轴，其径向尺寸是以轴线为尺寸基准。

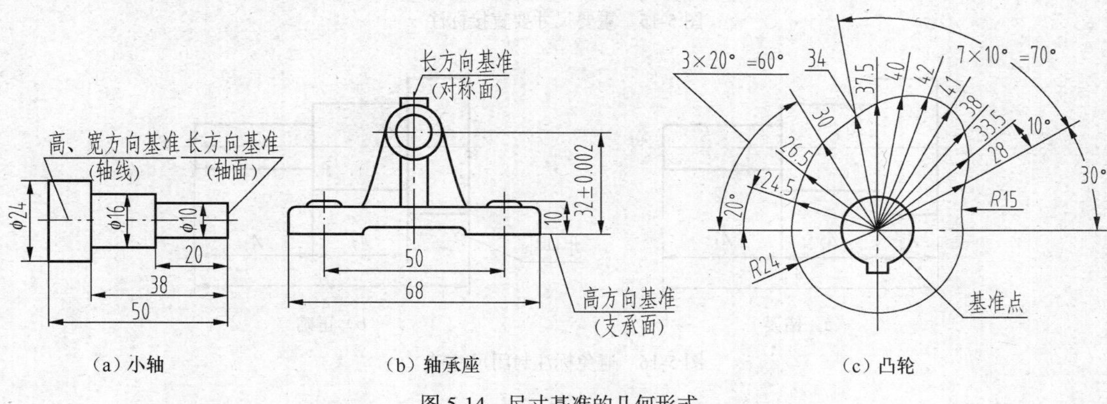

图 5-14　尺寸基准的几何形式

③ 面基准。常见的是零件的对称面、支承面和端面等，如图 5-14（a）所示的小轴，其轴向尺寸是以其右端面为尺寸基准；如图 5-12（b）所示的轴承座，其高度尺寸是以支承面（底面）为基准，长度尺寸是以左右对称平面为基准的。

（2）尺寸基准的分类。

① 设计基准。根据零件在机器中的位置、作用，为保证其使用性能而确定的基准，称为设计基准。

② 工艺基准。根据零件的加工工艺过程，为便于装夹定位、加工、测量等而确定的基准，称为工艺基准。

3. 合理标注尺寸的原则

（1）重要尺寸要直接标注。重要尺寸是指有配合功能要求的尺寸、重要的相对位置尺寸、影响零件使用性能的尺寸，这些尺寸都要在零件图上直接注出，如图 5-15 所示。

（2）避免出现封闭尺寸链。

如图 5-16 中的尺寸 A、A_1、A_2、A_3 构成一个封闭尺寸链。由于 $A=A_1+A_2+A_3$，在加工时，尺寸 A_1、A_2、A_3，都可能产生误差，每一段的误差都会积累到尺寸 A 上，使总长 A 不能保证设计的精度要求。为此，选择其中一个不重要的尺寸空出不注，称为开口环，使所有的尺寸误差都积累在这一段。

（3）标注尺寸要便于测量。标注尺寸时应考虑测量的方便，尽量做到使用普通量具就能测量，以减少专用量具的设计和制造。如图 5-17 所示几种图的形状，图 5-17（a）所示标注尺寸不便测量，改为图 5-17（b）所示标注尺寸就便于测量。

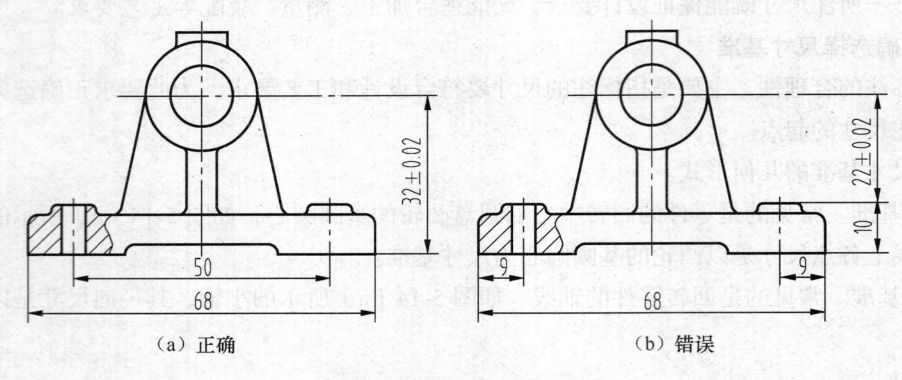

（a）正确　　（b）错误

图 5-15　重要尺寸要直接标注

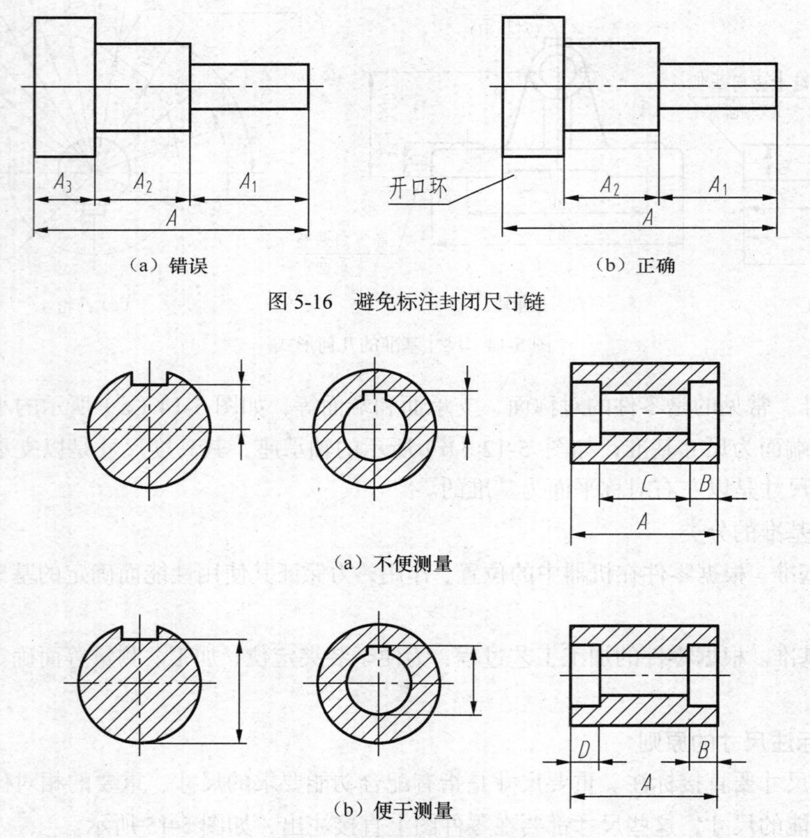

（a）错误　　（b）正确

图 5-16　避免标注封闭尺寸链

（a）不便测量

（b）便于测量

图 5-17　标注尺寸要便于测量

（4）零件上常见孔的尺寸注法。零件上的光孔、沉孔、螺孔的尺寸标注，常采用旁注法，也可采用普通注法，如表 5-2 所示。

（5）标注尺寸要注意的问题。

① 尺寸主要标在主视图上，或标在能反映其形状特征的视图上（如圆）。

② 一般物体都会有 3 个方向的尺寸（圆除外），注意检查有没有漏了一个方向的尺寸。

表 5-2 常见孔的尺寸标注方法

结构类型		普通注法	旁注法		说明
螺孔	通孔	3-M6-6H	3-M6-6H	3-M6-6H	3—M6-6H 表示直径为 6、均匀分布的 3 个螺孔
	不通孔	3-M6-6H；10	3-M6-6H 深 10	3-M6-6H 深 10	深 10 是指螺孔的深度
		3-M6-6H；10；12	3-M6-6H 深 10 孔深 12	3-M6-6H 深 10 孔深 12	需要注明钻孔深度时，应标明孔深尺寸
光孔	一般孔	4-ϕ5 深 10；10	4-ϕ5 深 10	4-ϕ5 深 10	4—ϕ5 表示直径为 5、均匀分布的 4 个光孔
	锥销孔		2-锥销孔ϕ5 配作	2-锥销孔ϕ5 配作	5 为与锥销孔相配的圆锥销小头直径
沉孔	锥形	90°；ϕ13；6-ϕ7	6-ϕ7 沉孔ϕ13×90°	6-ϕ7 沉孔ϕ13×90°	锥形沉孔的直径 13 及锥角 90°，均需标出
	柱形	ϕ10；3.5；4-ϕ6	4-ϕ6 沉孔ϕ10 深 3.5	4-ϕ6 沉孔ϕ10 深 3.5	柱形沉孔的直径 10 及深度 3.5，均需标出
	锪平面	ϕ16 锪平；4-ϕ7	4-ϕ7 锪平ϕ16	4-ϕ7 锪平ϕ16	锪平ϕ16 的深度不需标注，一般锪至不出现毛面为止

③ 尺寸的种类可分为定形尺寸和定位尺寸，每类尺寸都应有 3 个方向。注意检查有没有漏了 1 个方向的尺寸。

④ 请注意不要漏注了倒圆和倒角的尺寸。

⑤ 重要尺寸都要从基准起标注。

⑥ 注意不要注成封闭尺寸。

⑦ 所标的尺寸要便于测量。

第三节 零件图的识读

一、读零件图举例

例 1：读滑阀零件图（见图 5-18）。

（1）概括了解。从标题栏知，零件的名称为滑阀，材料为 40Cr，绘图比例为 2 : 1。

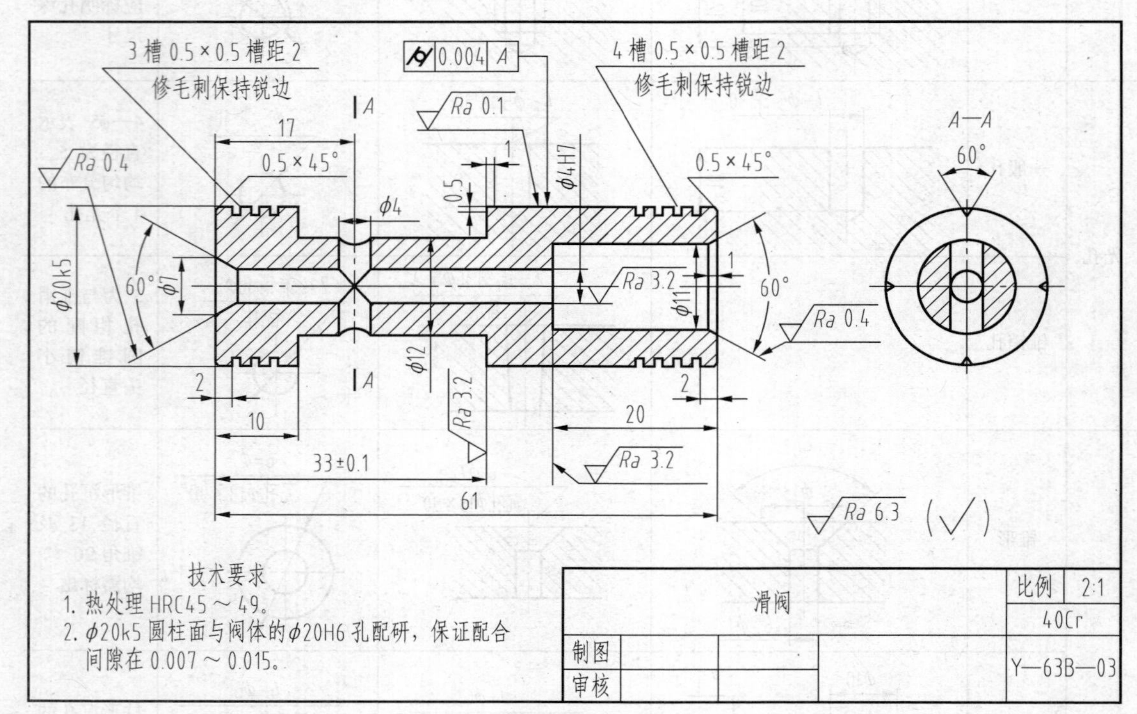

图 5-18 滑阀零件图

（2）分析表达方案。滑阀属轴套类零件，按加工位置水平放置。主视图画成全剖视图，表示滑阀的内外结构，*A*—*A* 剖视图表示 4 个减震槽的方位。由图可知，滑阀的主要结构为圆柱，内孔为油路通道，左右两端的 3 槽和 4 槽结构起密封作用。

（3）分析尺寸和技术要求：零件的主要基准为轴线和左端面，ϕ20k5 和 33 ± 0.1 为两个主要尺寸。因为它们将直接影响溢流的工作性能。故规定了 ϕ20k5 圆柱面圆柱度公差为 0.004，通过热处理使硬度达 HRC45 ~ 49，并与阀体的 ϕ20H6 孔配研以保证它们之间的配合间隙在 0.07 ~ 0.015mm。

例 2：读阀盖零件图（见图 5-19）。

（1）概括了解。从标题栏知，零件的名称为滑盖，材料为 HT200，绘图比例为 1：1。

（2）分析表达方案。滑盖属叉架类零件，按自然位置放置。主视图画成全剖视图，以表示滑盖的内部结构，左视图表达零件的外形以及连接孔 4-$\phi 9$ 的位置。由图可知，阀盖的主要结构由矩形板和圆柱组成。

（3）分析尺寸和技术要求：C、D、F 为长、宽、高 3 个方向的主要基准。从基准 D、F 标出连接孔 4-$\phi 9$ 的定位尺寸为 36 和 36。h10 和 ϕ12H9 为配合尺寸。C 端面对基准 B 的垂直度公差为 0.08。ϕ14.8 对基准 A 的同轴度公差为 ϕ0.012，其端面对基准 A 的垂直度公差为 0.05。技术要求中规定，铸件不应有疏松、气孔、砂眼等缺陷，以免泄漏。

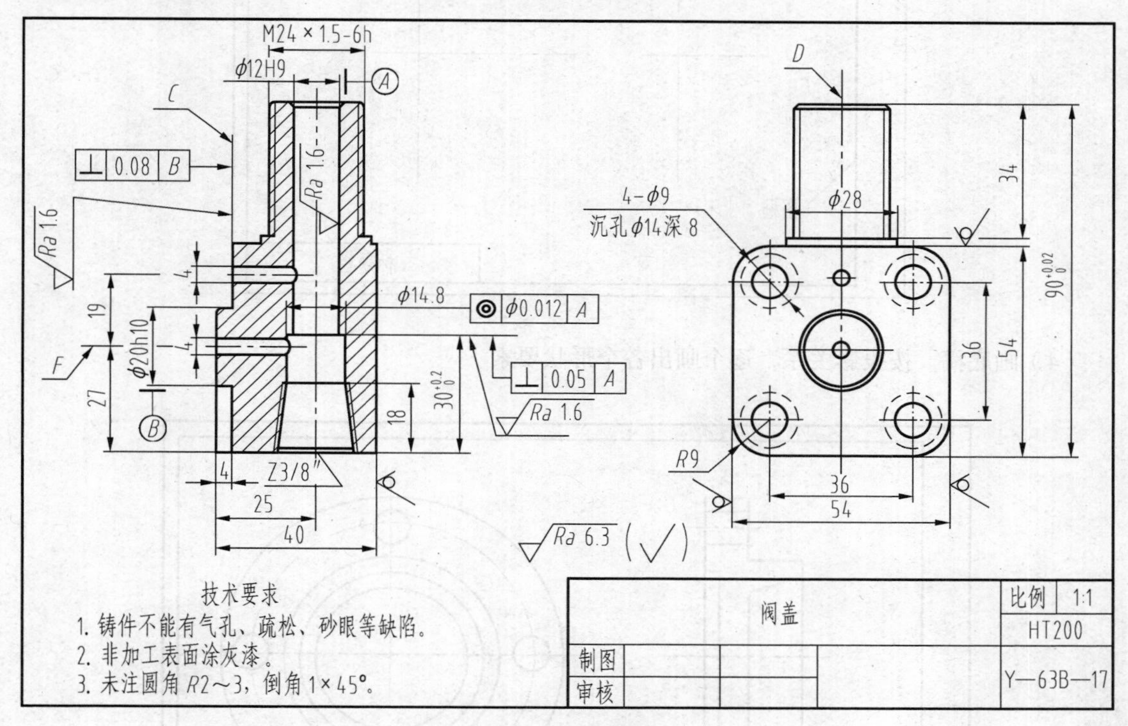

图 5-19　阀盖零件图

二、画零件图的步骤和方法

1. 画图前的准备

（1）了解零件的用途、结构特点、材料及相应的加工方法。

（2）分析零件的结构形状，确定零件的视图表达方案。

2. 画图方法和步骤

例 3：如图 5-20 所示，画端盖的零件图。

（1）定图幅。根据视图数量和大小，选择适当的绘图比例，确定图幅大小。

（2）画出图框和标题栏。

（3）布置视图。根据各视图的轮廓尺寸，画出确定各视图位置的基线。

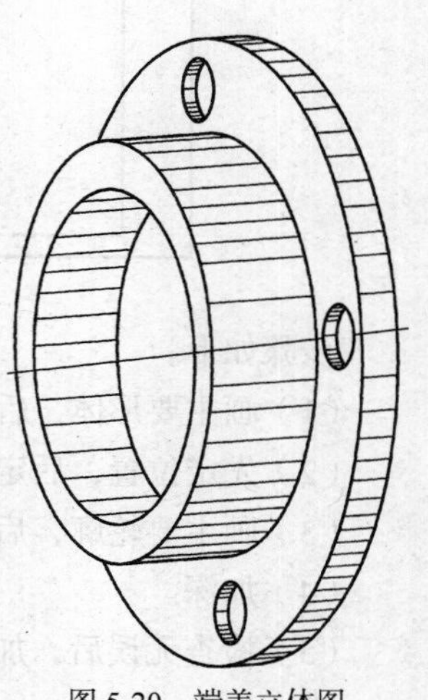

图 5-20　端盖立体图

基线包括：对称线、轴线、某一基面的投影线。

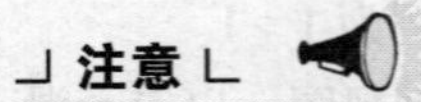

各视图之间要留出标注尺寸的位置。

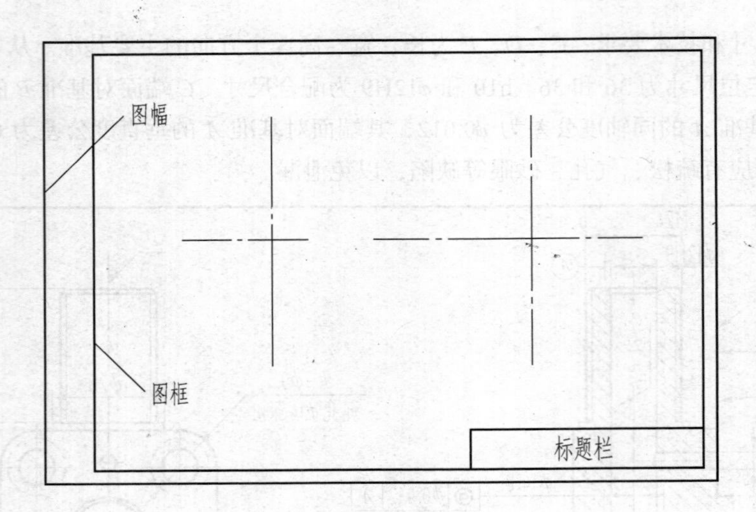

（4）画底稿。按投影关系，逐个画出各个形状要素。

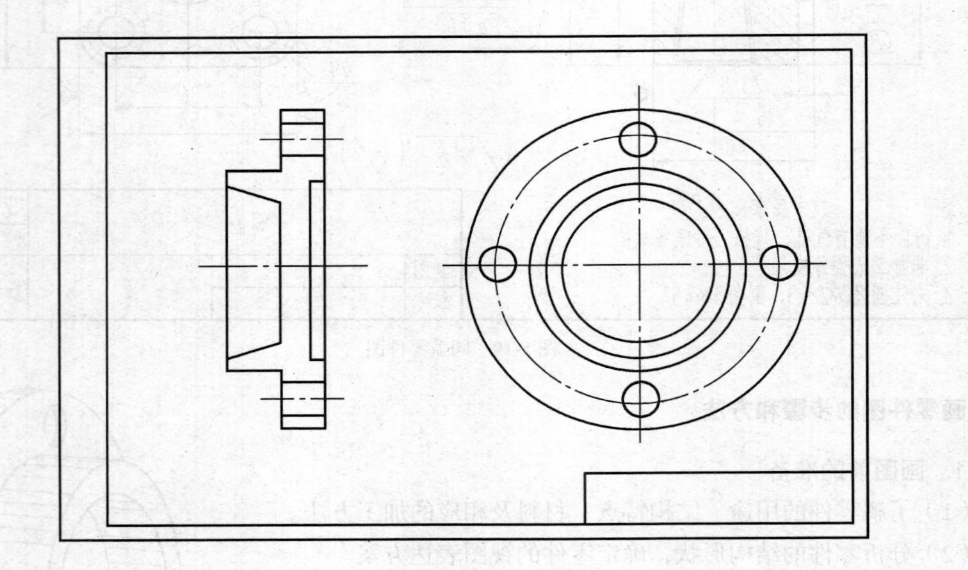

步骤如下。

（1）画主要形体，后画次要形体。

（2）先定位置，后定形状。

（3）画主要轮廓，后画细节。

（4）加深。

（5）检查无误后，加深并画剖面线。

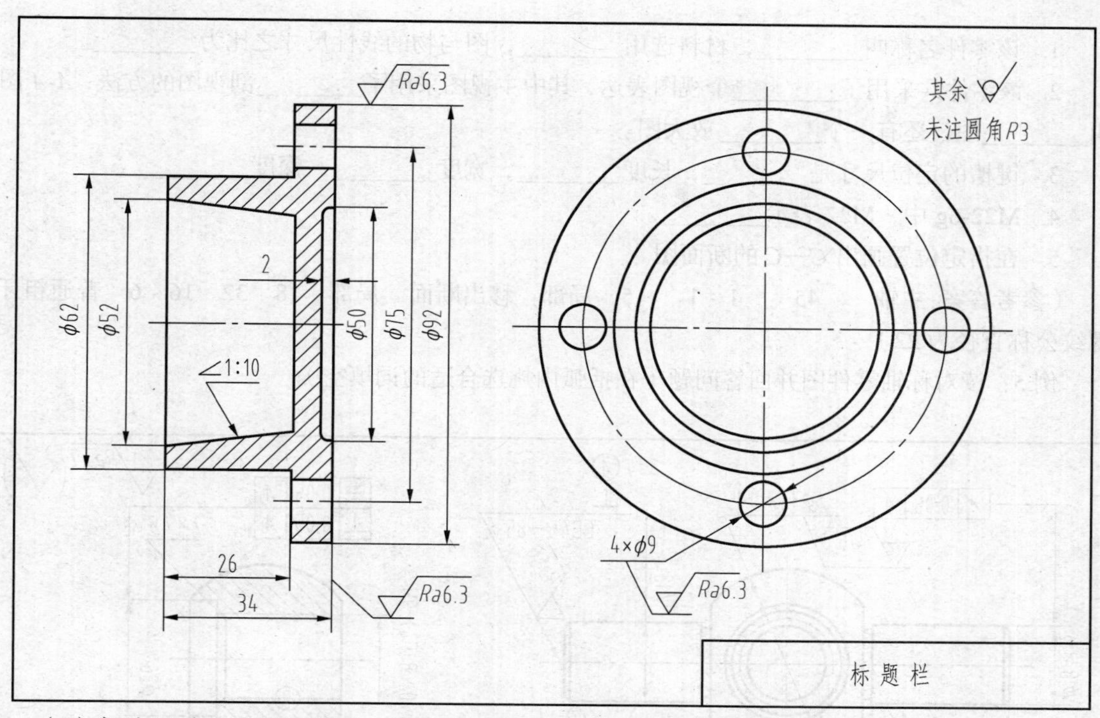

（6）标注尺寸、表面粗糙度、尺寸公差等，填写技术要求和标题栏完成零件图。

三、读零件图并回答问题

例 4：读主轴零件图并回答问题（在括弧内挑选合适的词填空）。

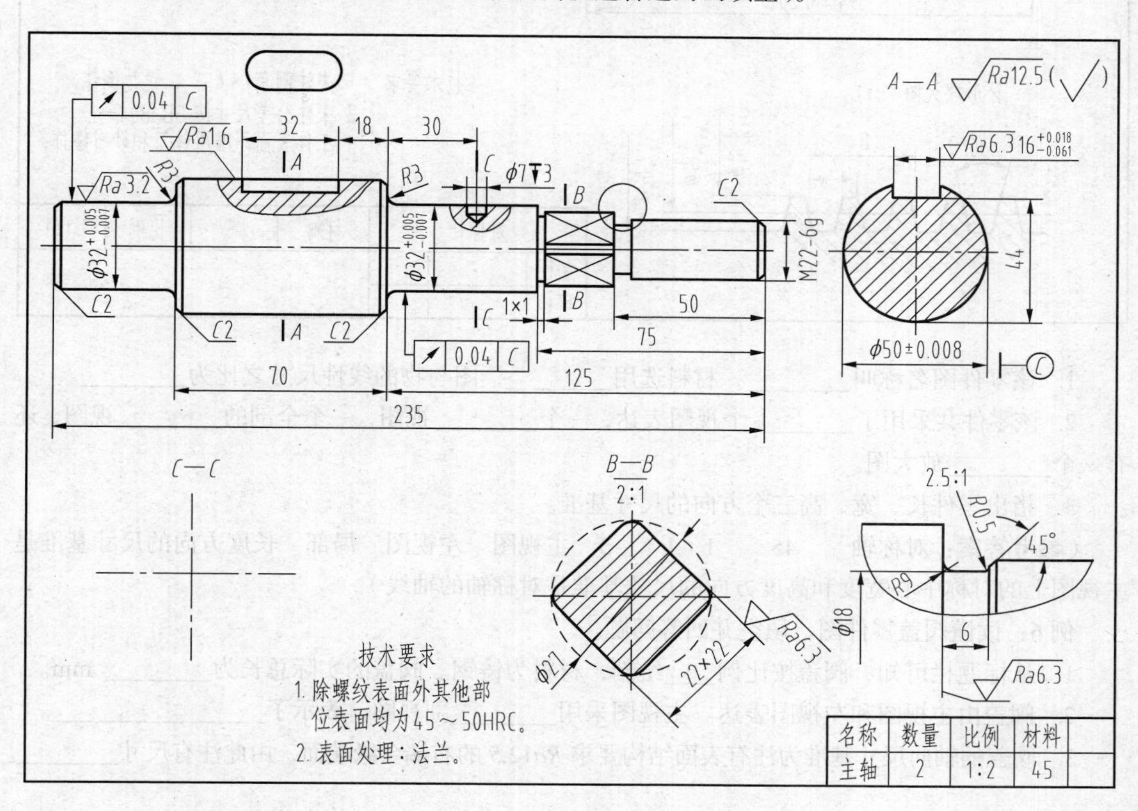

名称	数量	比例	材料
主轴	2	1:2	45

1. 该零件名称叫________，材料选用________，图与物的线性尺寸之比为________。

2. 该零件共采用了________个视图表达，其中主视图采用了________剖视图的方法，*A-A* 图叫________图，还有一个________放大图。

3. 键槽的定位尺寸是________，长度________，宽度________，深度________。

4. M22-6g 中，M22 表示________。

5. 在指定位置画出 *C—C* 的断面图。

（参考答案：主轴　45　1∶1　5　局部　移出断面　局部　18　32　16　6　普通粗牙螺纹公称直径为 22）

例 5：读对称轴零件图并回答问题（在括弧内挑选合适的词填空）。

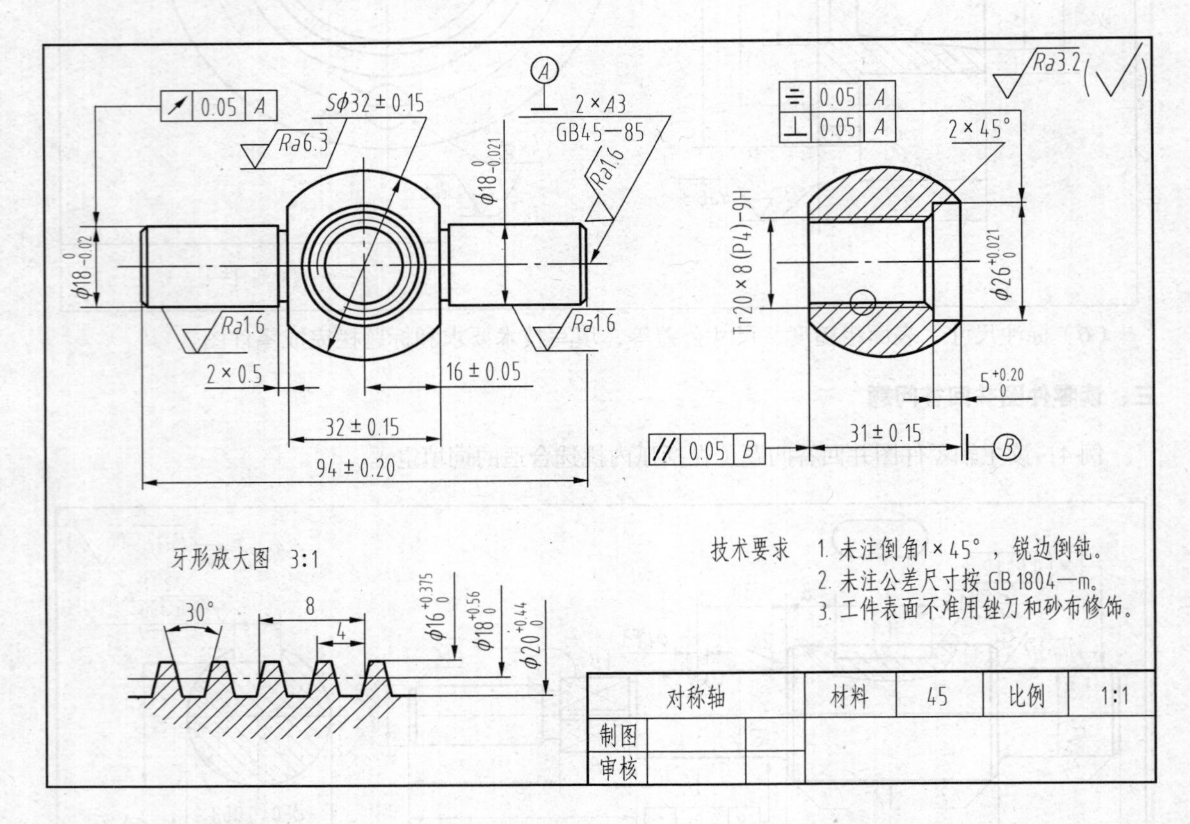

1. 该零件图名称叫________，材料选用________，图与物的线性尺寸之比为________。

2. 该零件共采用了________个视图表达，一个________视图，一个全剖的________视图，还有一个________放大图。

3. 指出零件长、宽、高三个方向的尺寸基准。

（参考答案：对称轴　45　1∶1　3　主视图　左视图　局部　长度方向的尺寸基准是主视图上的对称中心宽度和高度方向的尺寸基准是对称轴的轴线）

例 6：读懂阀盖零件图，填空并回答问题。

1. 从标题栏可知，阀盖按比例____绘制，材料为铸钢。阀盖的实际总长为________ mm。

2. 阀盖由主视图和左视图表达。主视图采用________剖视图，表示了________________。

3. 阀盖的轴向尺寸基准为注有表面结构要求 *Ra*12.5 的右端台缘端面，由此注有尺寸________

以及 6 等。阀盖左右两端面都是轴向的辅助尺寸基准。

4. 阀盖是铸件，需进行时效处理，其目的是为了消除________。注有公差的尺寸________的凸缘与阀体有配合要求，该尺寸的标准公差等级为________级、基本偏差代号为________、其最大极限尺寸为________、最小极限尺寸为________。

5. 作为长度方向上的主要尺寸基准的端面相对阀盖水平轴线的垂直度位置公差为________ mm。

6. 在下面空白处用适当比例画出阀盖的右视图。

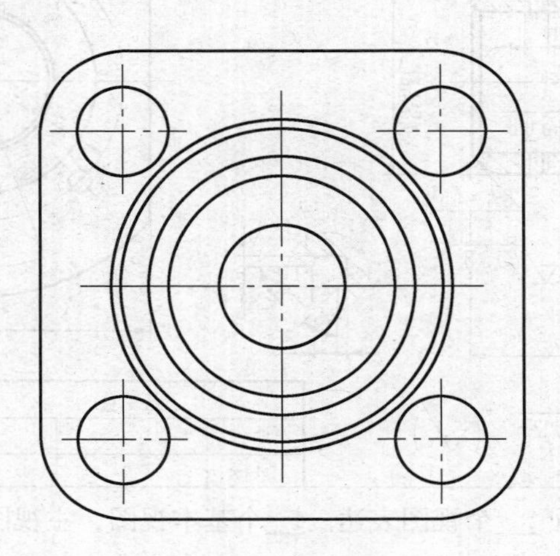

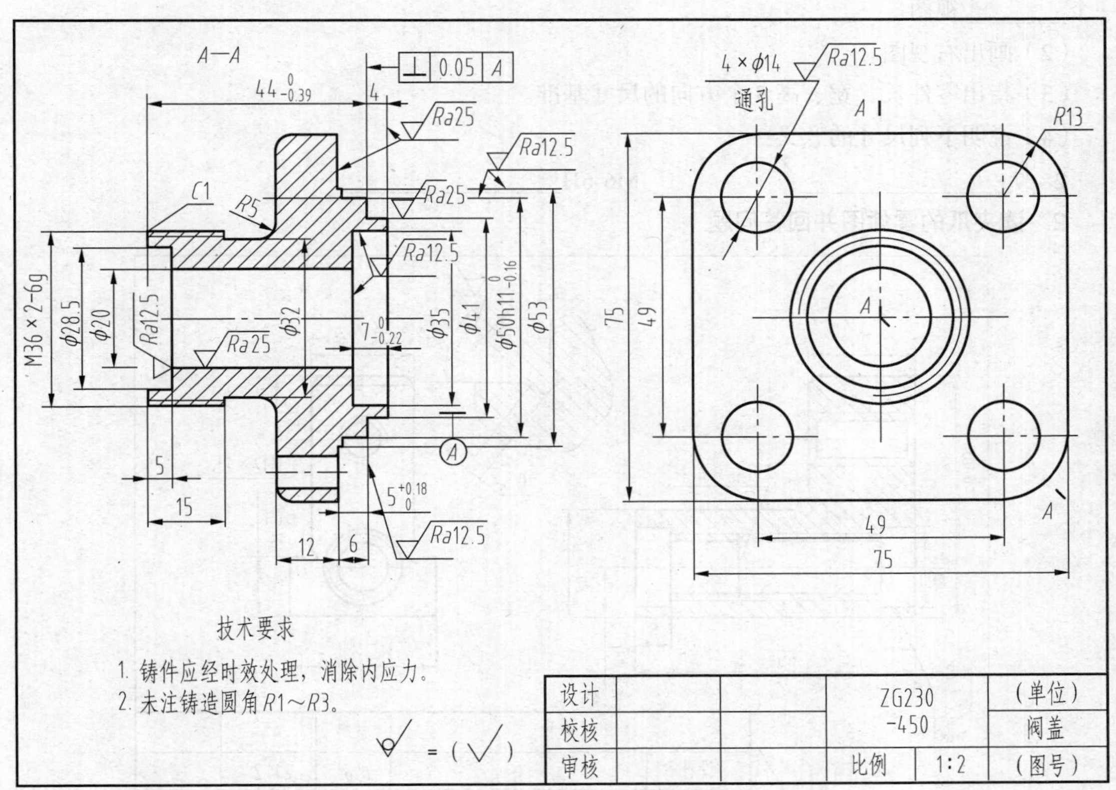

随堂训练

1. 读法兰盘零件图并回答问题

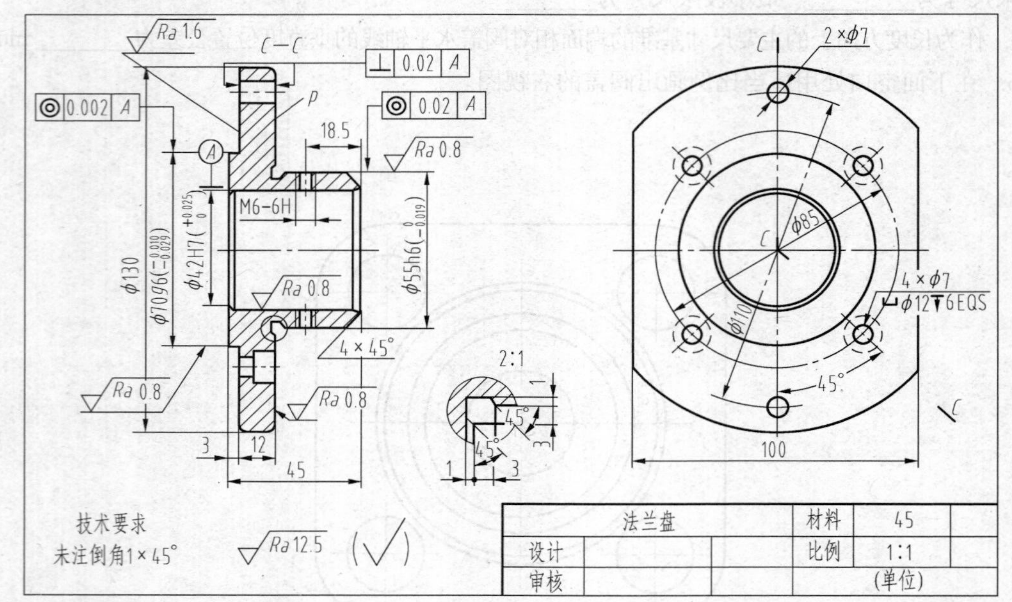

（1）法兰盘零件图采用了___个视图表达。___个基本视图，主视图采用 _____ 剖视图，还有一个________视图。

（2）画出右视图。

（3）指出零件长、宽、高 3 个方向的尺寸基准。

（4）说明下列尺寸的意义：

2×ϕ7________________　　　　M6-6H________________

2. 读夹爪的零件图并回答问题

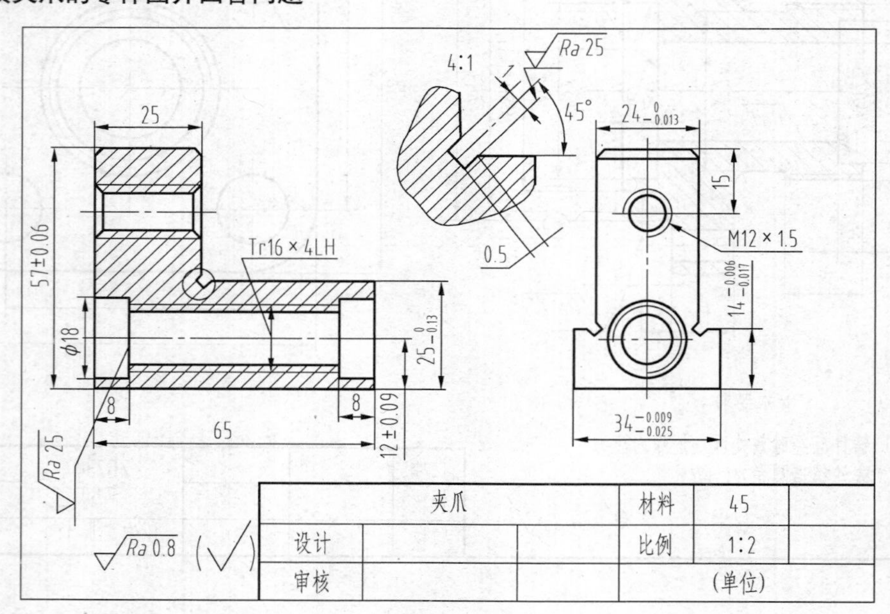

（1）夹爪的零件图采用________个基本视图，主视图采用________剖视图，此外还运用了一个________视图。

（2）图中尺寸 Tr16×4LH 中，Tr 表示________，16 表示________，LH 表示________。

（3）在此零件图中，下列尺寸属于哪种类型（定形、定位）尺寸。

12±0.09 是________尺寸，65 是________尺寸，ϕ18 是________尺寸，8 是________尺寸。

（4）图中表面结构要求的最高要求为________，最低要求为________。

（5）徒手画出此零件的轴侧图（只画外形）。

3. 读夹具体的零件图并回答问题

（1）概括了解：从标题栏知，零件的名称为夹具体，材料为 HT200，绘图比例为 1∶1。

（2）表达方法：夹具体用了 3 个基本视图表达，其中主视图采用了全剖视图的方法。

（3）轴侧图上的 *A* 方向是主视图方向，*B* 方向是左视图方向。要求学生将零件图中的轴侧图逆时针水平旋转 90° 后再画一个轴侧图。

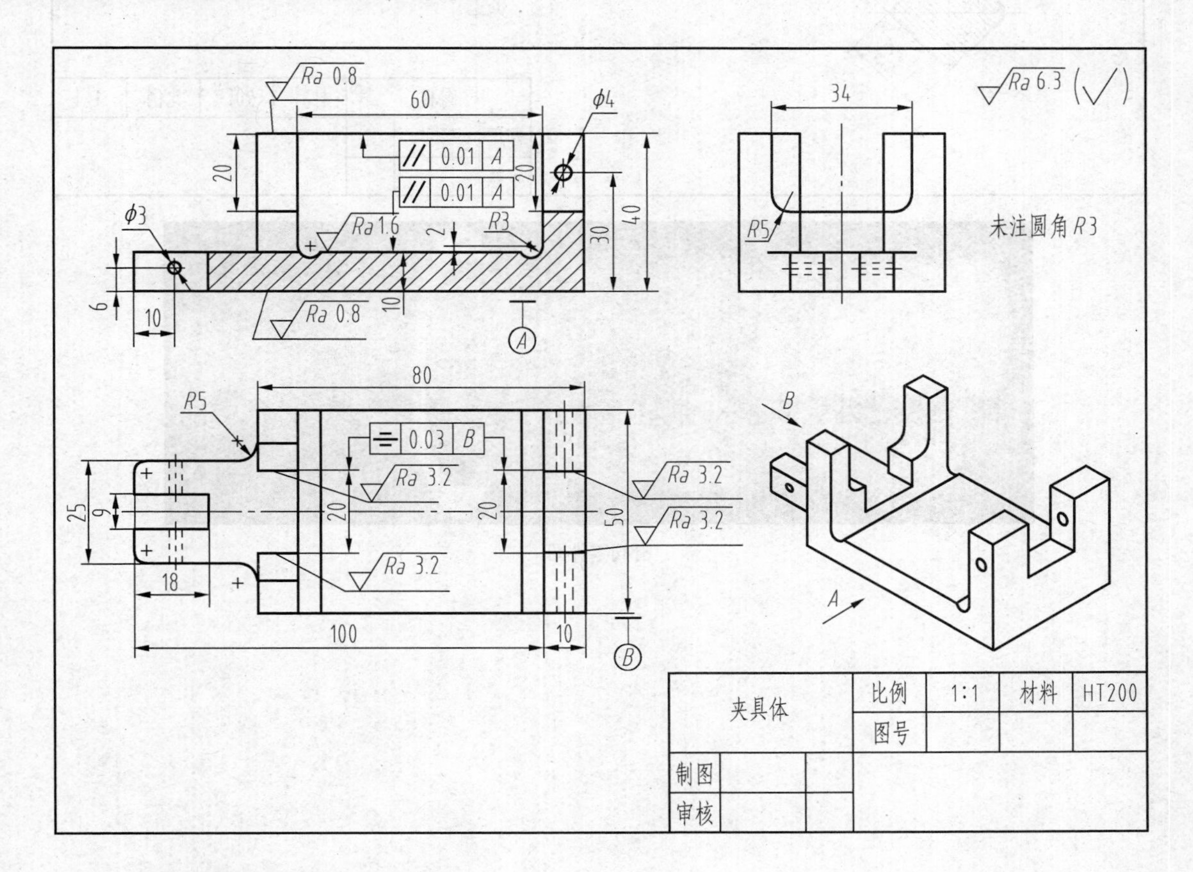

4. 读阀杆零件图并回答问题

（1）该零件名称叫________，材料选用________，图与物的线性尺寸之比为________。

（2）该零件共采用了________个视图表达，其中一个叫________视图。*B*—*B*图叫________图，*A* 视图叫________图。

（3）*SR*20 表示________。

（4）阀杆最大直径尺寸是________。

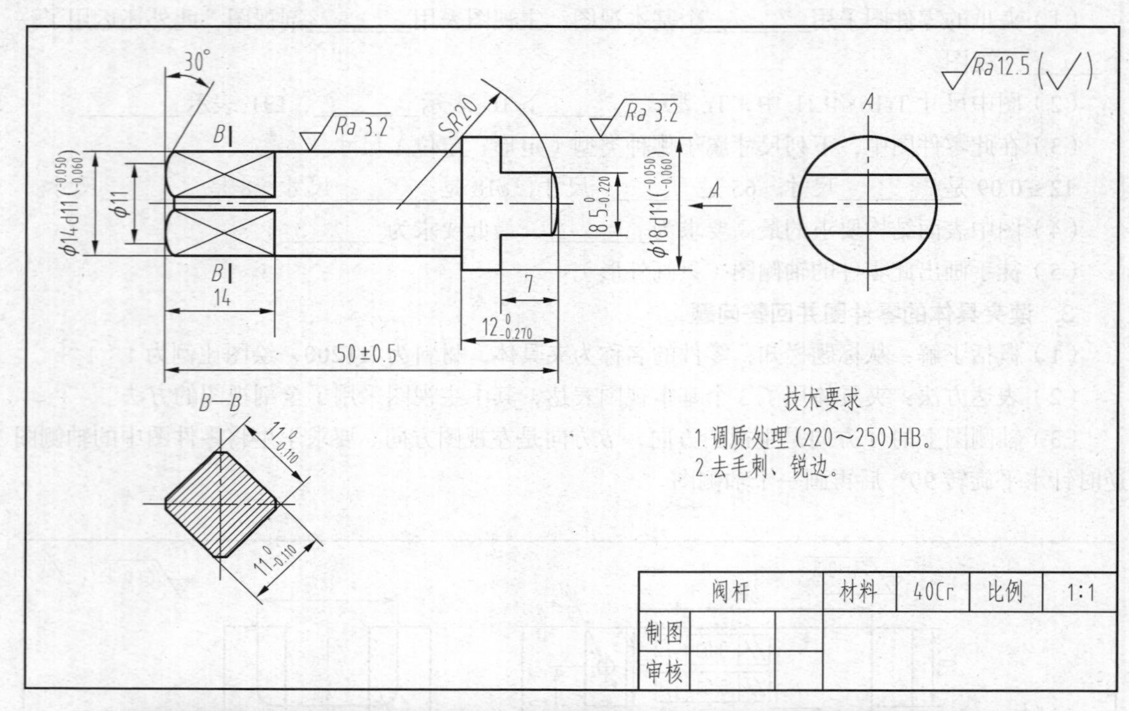
30°
B
SR20
Ra 3.2
Ra 3.2
Ra 12.5
A
A
φ14d11
φ11
φ18d11
14
7
50±0.5
B—B
技术要求
1. 调质处理(220～250)HB。
2.去毛刺、锐边。
阀杆
材料
40Cr
比例
1:1
制图
审核

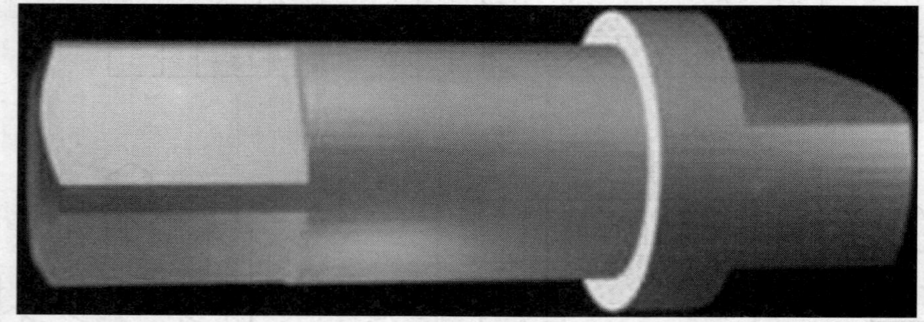

滑阀零件图

第六章 装配图

第一节　装配图的概述和表达方法

一、装配图的作用

装配图在科研和生产中起着十分重要的作用。在设计产品时，通常是根据设计任务书，先画出符合设计要求的装配图，再根据装配图画出符合要求的零件图；在制造产品的过程中，要根据装配图制定装配工艺规程来进行装配、调试和检验产品；在使用产品时，要从装配图上了解产品的结构、性能、工作原理、装配关系及保养、维修的方法和要求。

二、装配图的内容

图 6-1 所示为一滑动轴承立体图，它的作用是用来支承轴。图 6-2 所示为它的装配图。从图中可以看出，一张装配图应包括下列内容。

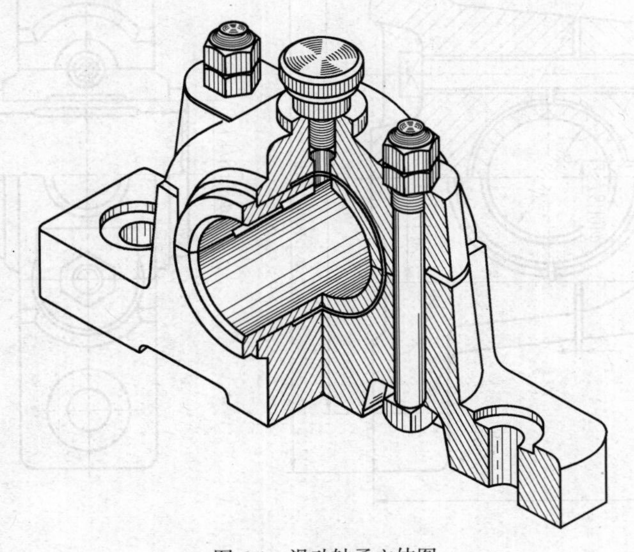

图 6-1　滑动轴承立体图

1. 一组图形

在装配图中，用各种常用的表达方法或特殊画法，选用一组恰当的图形表达出机器（或部件）的工作原理、传动路线、各零件的主要形状结构及零件之间的装配、连接关系等。

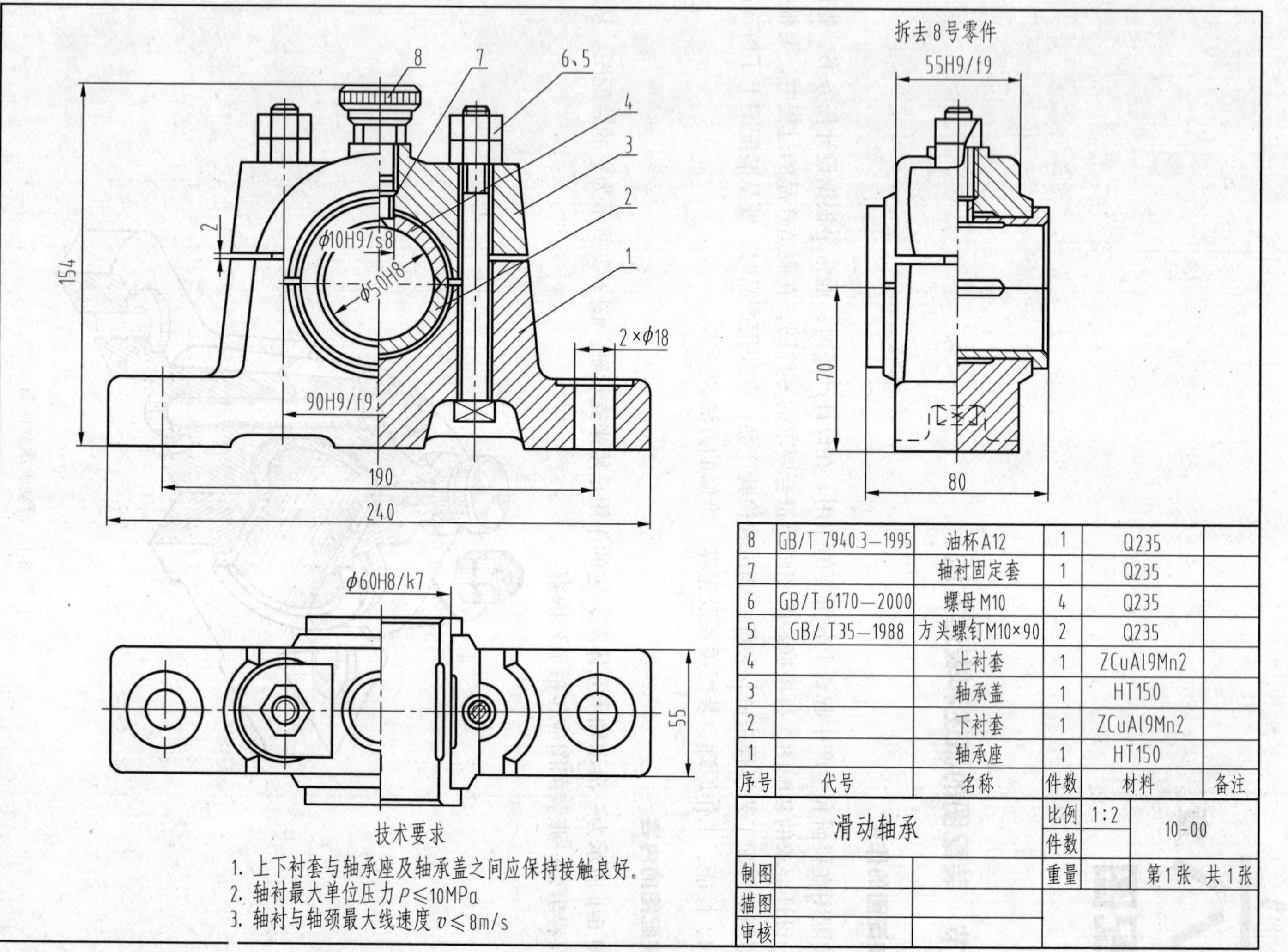

序号	代号	名称	件数	材料	备注
8	GB/T 7940.3—1995	油杯A12	1	Q235	
7		轴衬固定套	1	Q235	
6	GB/T 6170—2000	螺母M10	4	Q235	
5	GB/T35—1988	方头螺钉M10×90	2	Q235	
4		上衬套	1	ZCuAl9Mn2	
3		轴承盖	1	HT150	
2		下衬套	1	ZCuAl9Mn2	
1		轴承座	1	HT150	

滑动轴承		比例	1:2	10-00
		件数		
制图		重量		第1张 共1张
描图				
审核				

图 6-2 滑动轴承装配图

2. 必要的尺寸

在装配图中标注出表示机器（或部件）的性能、规格、外形大小及装配、检验、安装时所需的尺寸。

3. 技术要求

用符号或文字注写的机器（或部件）在装配、检验、调试、使用等方面的要求、规则、说明等。

4. 零件的序号和明细栏

组成机器（或部件）的每一种零件（形状结构、规格尺寸及材料完全相同的为一种零件），在装配图上，每一种零件必须按一定的顺序编上序号，并在标题栏上方编制出明细栏，明细栏中注明各种零件的序号、代号、名称、数量、材料、重量、标准规格、标准编号等内容，以便于读图、图样管理及进行生产准备、生产组织工作。

5. 标题栏

注明机器（或部件）的名称、图样代号、比例、重量以及责任者的签名和日期等内容。

装配图和零件图一样，也是利用正投影的原理、方法，按照《机械制图》国家标准的有关规定绘制的。零件图的表示方法（视图、剖视、断面等）及视图选用原则，一般都能适用于装配图，但由于装配图和零件图各自所需要表达的重点及在生产中所使用的范围有所不同，因此，机械制图国家标准对装配图在表达方法上还有一些专门的规定。

三、装配图的表达方法

装配图和零件图一样，也是按正投影的原理和方法以及《机械制图》国家标准的有关规定绘制的。国家标准对装配图在表达方法上还有一些专门规定。

1. 装配图上的规定画法

（1）相邻两个零件的接触表面和配合表面之间，规定只画一条轮廓线；非接触面画两条轮廓线。如图 6-2 所示，轴承座（零件 1）与螺母（零件 6）的接触表面、俯视图中轴承座（零件 1）与下衬套（零件 2）的配合表面只画一条轮廓线；轴承座（零件 1）与轴承盖（零件 3）表面不接触，画两条轮廓线。

（2）相邻两个被剖切的金属零件，它们的剖面线倾斜方向应相反，或者方向一致，间隔不等。几个相邻零件被剖切，其剖面线可用间隙不等、倾斜方向错开等方法加以区别。如图 6-2 中的左视图所示，上衬套（零件 4）与轴承盖（零件 3）相邻，剖面线倾斜方向应相反；上衬套（零件 4）与轴承固定套（零件 7）相邻，剖面线倾斜方向相同，但间隔不等。另外，在同一张图纸上，同一零件的剖面线其倾斜方向、间隔都应相同。

剖面厚度小于 2mm 时，允许以涂黑来代替剖面线。

（3）在装配图中，对于紧固件以及轴、连杆、球、钩子、键、销等实心零件，若剖切平面沿纵向剖切并通过其对称平面时，则这些零件均按不剖绘制。若需要特别表明零件的构造，如凹槽，键槽，销孔等，则可用局部剖视表示，如图 6-2 中的主视图所示，螺纹连接件是按不剖绘制的。

（4）被弹簧挡住的结构一般不画出，可见部分应从弹簧簧丝断面中心或弹簧外径轮廓线画出，如图 6-3 所示。弹簧簧丝直径在图形上小于 2mm 的剖面可以涂黑。

2. 装配图上的特殊画法

（1）拆卸画法。在装配图中，当某部分部件（或零件）的内部结构或装配关系被一个或几个其他零件遮住，而这些零件在其他视图中已经表达清楚，则可以假想将这些零件拆卸后绘制，这种方法称为拆卸画法。拆卸画法一般要标注"拆去 XX"等字样。图 6-2 中的左视图，就是拆去了油杯等零件后绘制的。

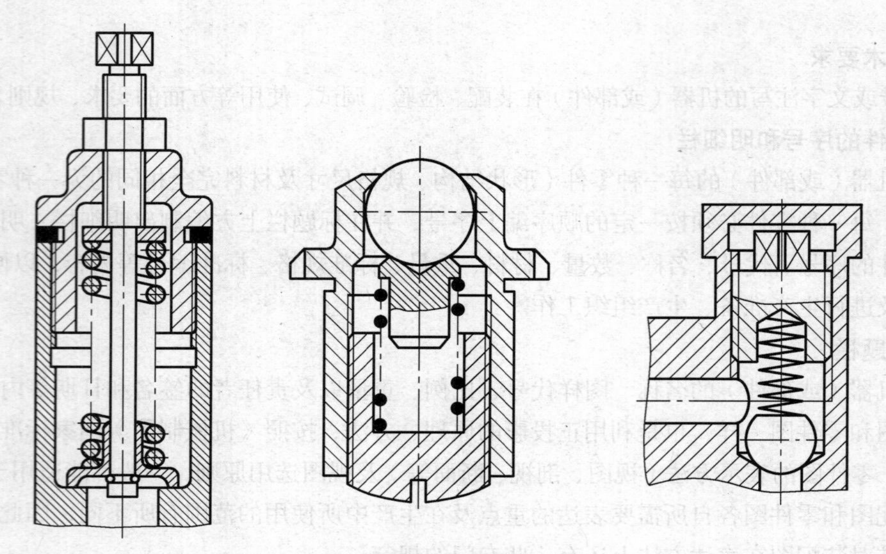

图 6-3 装配图中有关弹簧的画法

（2）沿结合面剖切画法。为了把装配图中某部分零件的内部结构表达得更清楚，可以假想沿某些零件的结合面进行剖切，然后绘制。

（3）假想画法。

① 在装配图上为表示某些运动零件的运动范围及极限位置时，可用双点画线画出极限位置处的外形图，如图 6-4 所示。

② 当需要表示机器（或部件）与相邻有关零件（或部件）的关系时，可用双点画线画出相邻零件（或部件）的轮廓，如图 6-4 所示，与底表面安装的零件用双点画线画出。

③ 当需要表达钻具、夹具中所夹持工件的情况时，可用双点画线画出所夹持工件的外形轮廓，如图 6-5 所示。

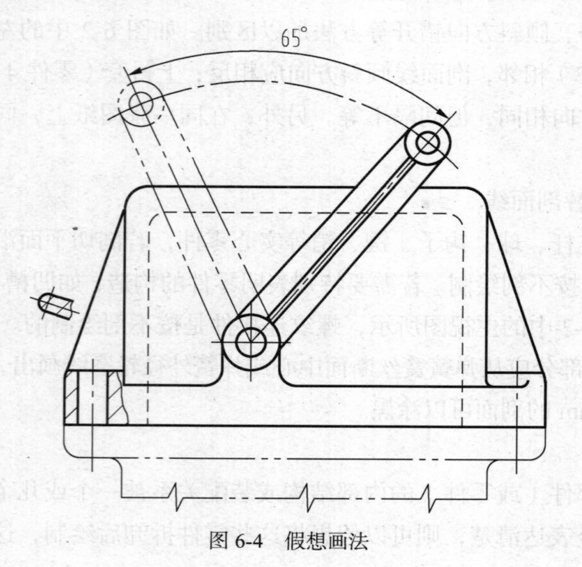

图 6-4 假想画法

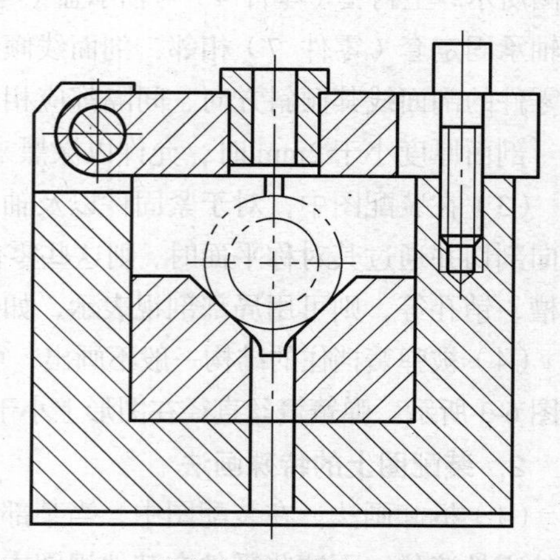

图 6-5 钻、夹具中所夹持工件外形轮廓的表示方法

（4）夸大画法。对于细小结构、薄片零件、微小间隙等，若按其实际尺寸在装配图上很难画出或难以明显表示时，允许不按比例而采用夸大画法。即将薄部加厚，细部加粗，间隙加宽，斜度、锥度加大到较明显的程度。如图 6-7（b）中的垫片，就采用了夸大画法。

（5）展开画法。为了表示传动机构的传动路线和装配关系，可假想将在图纸上互相重叠的空间轴系，按其传动顺序展开、摊平在一个平面上，然后沿各轴线剖开，得到剖视图，如图 6-6 所示。这种展开画法，在表达机床的主轴箱、进给箱以及汽车的变速器等较复杂的变速装置时经常使用。

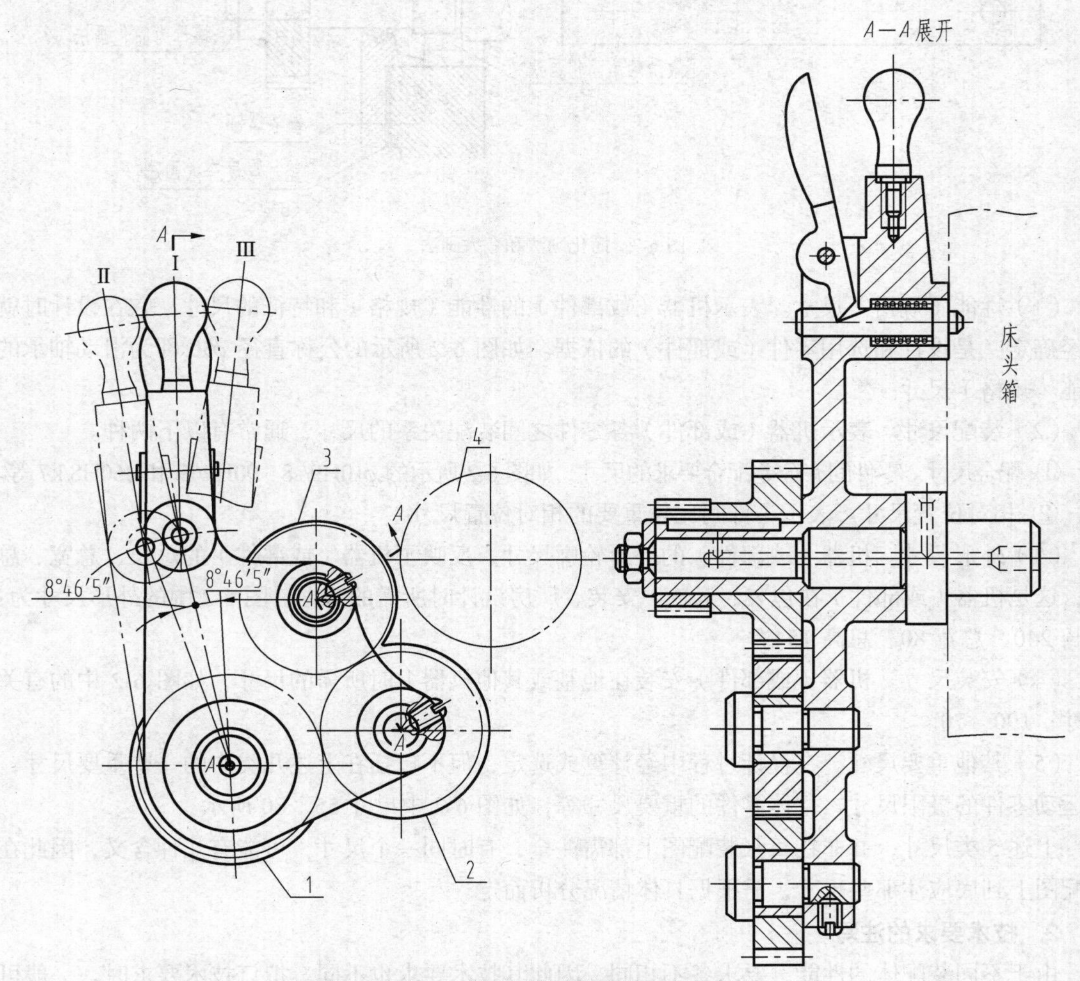

图 6-6 三星齿轮传动机构的展开画法

（6）简化画法。①对于装配图中若干相同的零件组（如螺栓连接、螺钉连接等），可仅详细地画出一组或几组，其余只需用点画线表示其装配位置，如图 6-7（a）、（b）所示。

②在装配图中，零件的工艺结构，如小圆角、倒角、退刀槽等允许不画。螺栓头部和螺母也允许按简化画法画出，如图 6-7 所示。

四、装配图的尺寸标注、零件序号和明细表

1. 装配图上的尺寸标注

装配图与零件图不同，不要求、也不可能注上所有的尺寸，它只要求注出与机器（或部件）

的装配、检验、安装或调试等有关的尺寸，一般有以下几种。

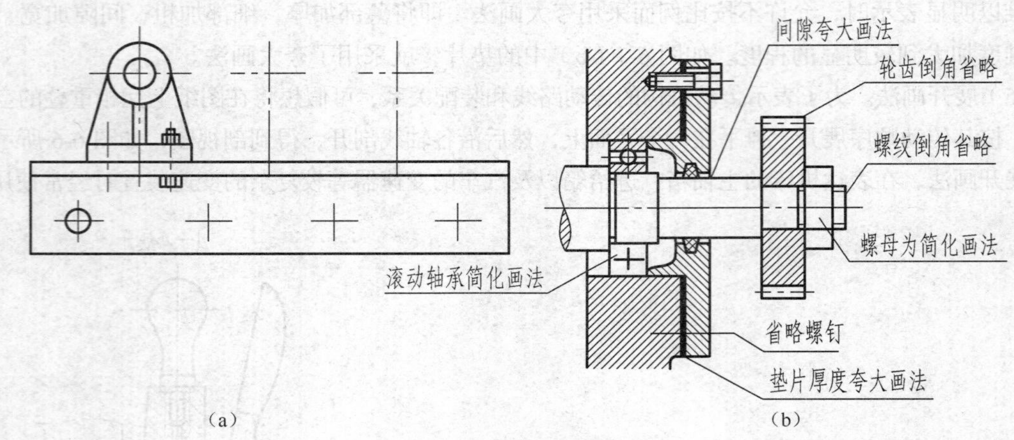

图 6-7　简化画法和夸大画法

（1）性能（规格）尺寸。表示机器（或部件）的性能（规格）和特征的尺寸，它在设计时就已经确定，是设计和选用零件（或部件）的依据。如图 6-2 所示的公称直径 ϕ50 即为滑动轴承的性能（规格）尺寸。

（2）装配尺寸。表示机器（或部件）各零件之间装配关系的尺寸，通常有以下两种。

① 配合尺寸。零件间有公差配合要求的尺寸，如图 6-2 所示的 ϕ10H9/s8、90H9/f9 和 ϕ60H8/k7 等。

② 相对位置尺寸。表示零件间比较重要的相对位置尺寸。

（3）外形尺寸。机器（或部件）的外形轮廓尺寸，反映了机器（或部件）的总长、总宽、总高，这是机器（或部件）在包装、运输、安装、厂房设计时所需的依据。图 6-2 中的外形尺寸为：总长 240、总宽 80、总高 154。

（4）安装尺寸。机器（或部件）安装在地基或其他机器上时所需的尺寸，如图 6-2 中的有关尺寸：190、70。

（5）其他重要尺寸。在设计过程中经计算或选定，但不包括在上述几类中的一些重要尺寸，如运动零件的极限尺寸、主体零件的重要尺寸等，如图 6-2 中尺寸 55、80 所示。

上述 5 类尺寸，并非在每张装配图上都需注全，有时同一个尺寸，可能有几种含义，因此在装配图上到底应注那些尺寸，需根据具体情况分析而定。

2. 技术要求的注写

由于不同装配体的性能、要求各不相同，因此其技术要求也不同。拟订技术要求时，一般可从以下几个方面来考虑。

（1）装配要求：机器（或部件）在装配过程中需注意的事项及装配后装配体所必须达到的要求，如准确度、装配间隙、润滑要求等。

（2）检验要求：机器（或部件）基本性能的检验、试验及操作时的要求。

（3）使用要求：对机器（或部件）的规格、参数及维护、保养、使用时的注意事项及要求。

装配图上的技术要求应根据装配体的具体情况而定，用文字注写在明细表上方或图纸下方的空白处，如图 6-2 所示。

3. 装配图的零件序号和明细栏

为了便于读图、图样管理以及有利于生产的准备工作，装配图中所有零、部件都必须编号、并填写明细栏。图中零、部件的序号应与明细栏中的序号一致，明细栏一般画在装配图标题栏上方。内容应包含零件的序号、代号、名称、数量、材料、重量、标准规格、国标等内容。

（1）零件序号的编写

① 序号由圆点、指引线、水平线（或圆）及数字组成。指引线、水平线（或圆）均用细实线画出。编写零、部件序号的通用表示方法如下。

a. 在指引线的水平线上或圆内注写序号，序号字高比装配图中所注尺寸数字高度大一号或两号，如图 6-8（a）、（b）所示。

b. 在指引线附近注写序号，其字高比图中尺寸数字高度大两号，如图 6-8（b）所示。同一装配图中编注序号的形式应一致。

② 相同零、部件用一个序号，一般只标注一次。

③ 指引线应从所指部分的可见轮廓内引出，并在末端画一圆点，如图 6-8 所示。若所指部分内不便画圆点时（很薄的零件或涂黑的剖面），可在指引线的末端画出箭头，并指向该部分的轮廓，如图 6-8（b）所示。

④ 指引线互相不能相交，当通过剖面线的区域时，指引线不应与剖面线平行。必要时可画成折线，但只可曲折一次，如图 6-8（c）所示。一组紧固件以及装配关系清楚的零件组，可采用公共指引线，如图 6-8（d）所示。

⑤ 装配图中序号应按水平或垂直方向排列整齐，编排时按顺时针或逆时针方向顺序排列，如图 6-2（d）所示。

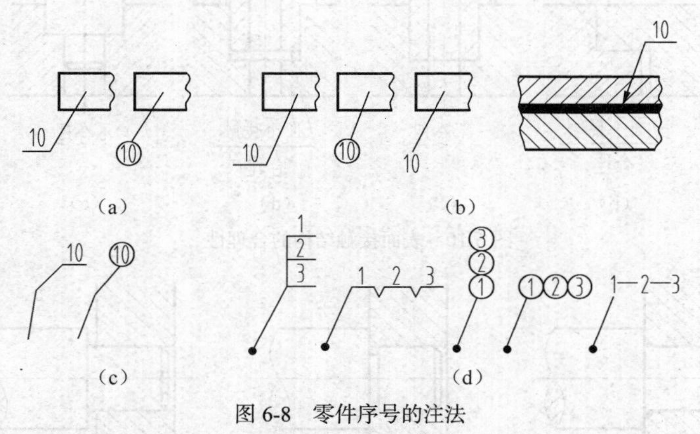

图 6-8　零件序号的注法

（2）明细栏的编制。明细栏一般应画在装配图标题栏的上方，明细栏中序号应按零件序号，顺序自下而上填写，以便发现有漏编零件时，可继续向上补填，为此，明细栏最上面的边框线规定用细实线绘制，如位置不够，明细栏也可以分段移至标题栏左边，如图 6-9 所示。

五、常见的装配结构

为了保证机器（或部件）的性能、质量，并给加工制造和装拆带来方便，在设计机器（或部件）时，必须考虑到零件之间装配结构的合理性，并在装配图上把这些结构正确地反映出来。

1. 配合面与接触面结构的合理性

（1）两个相接触的零件，同一方向上只能有一对接触面，如图 6-10 所示。

（2）当轴与孔相配合，且轴肩与孔端面接触时，为保证良好的接触精度，应将孔加工成圆角、倒角或在轴上加工圆角、退刀槽等，如图 6-11 所示。

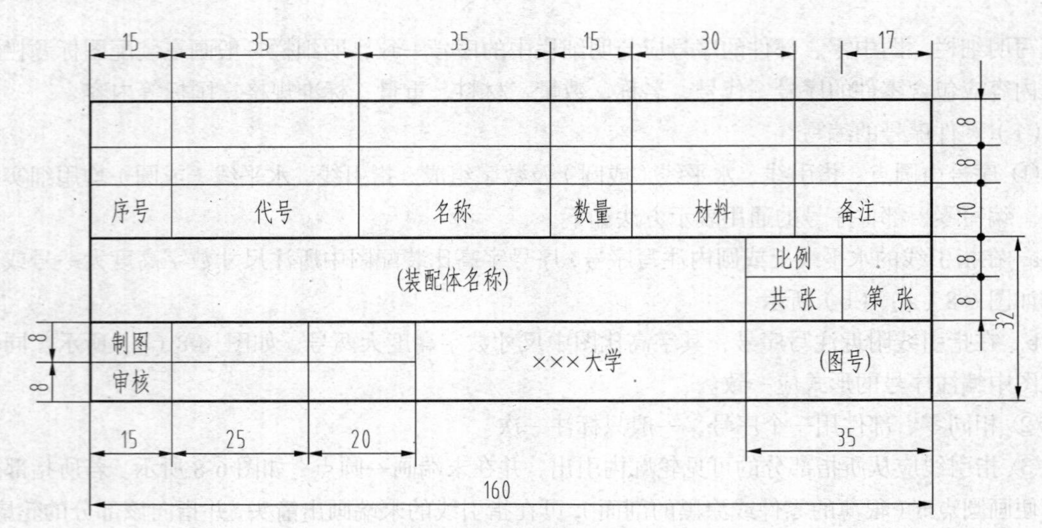

图 6-9　装配图明细栏的格式

（3）在机器（或部件）中，尽可能合理地减小零件与零件之间的接触面积，这样使机械加工的面积减小，保证接触的可靠性，并可降低加工成本，如图 6-12 所示。

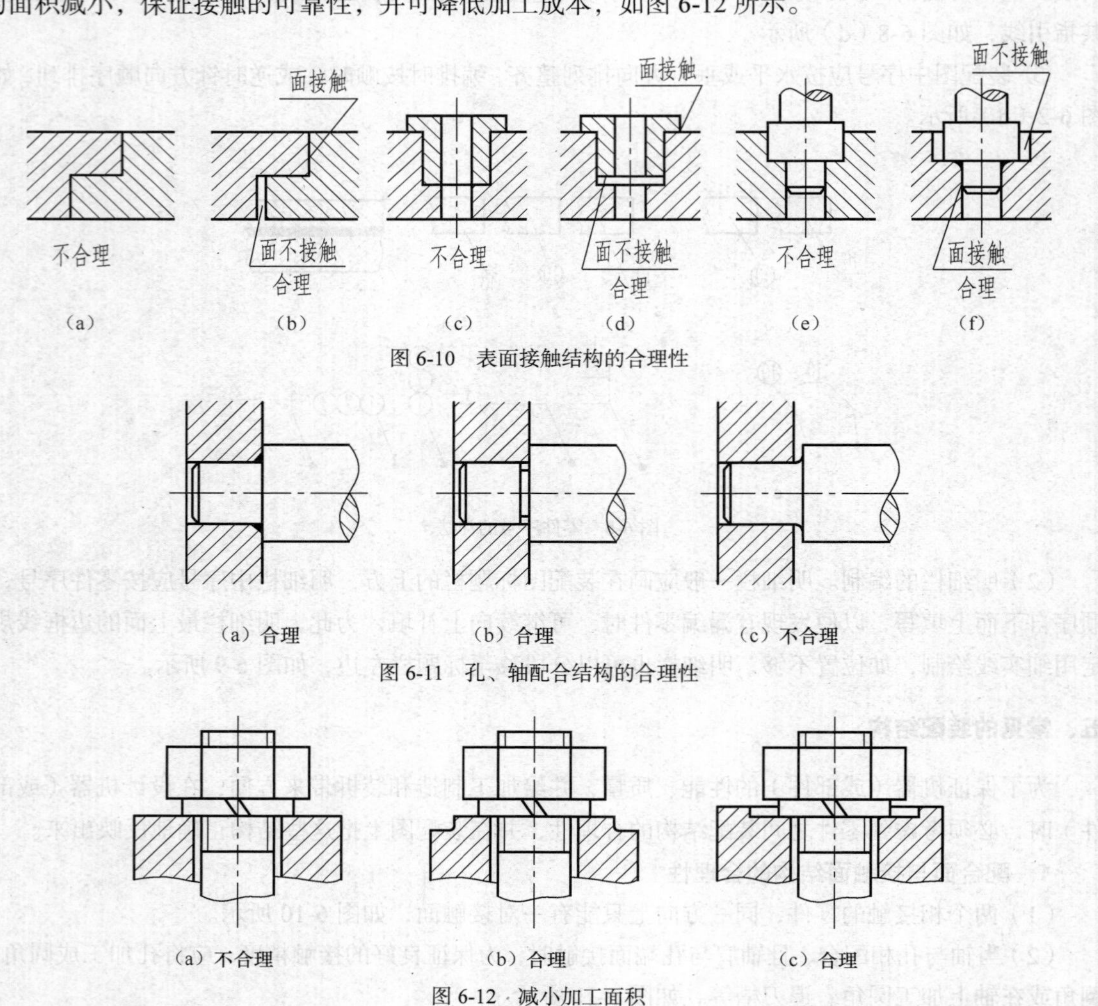

图 6-10　表面接触结构的合理性

图 6-11　孔、轴配合结构的合理性

图 6-12　减小加工面积

2. 防松结构的合理性

机器（或部件）在工作时，由于受到冲击或震动，一些连接件（如螺纹连接件）可能发生松动、脱落，有时甚至产生严重事故，因此，在某些机构中需要采用防松结构。常用的防松结构有以下几种。

（1）利用双螺母锁紧。如图 6-13（a）所示，利用两螺母在拧紧后相互间所产生的轴向力将螺纹中的螺牙拉紧，使内螺纹与外螺纹之间的摩擦力增大，从而防止螺母自动松脱。

（2）利用弹簧垫圈锁紧。弹簧垫圈是一种开有斜口、形状扭曲的垫圈，具有较大的变形力。当螺母拧紧将它压平时，垫圈产生的反弹力会使螺纹中的螺牙拉紧，使内螺纹与外螺纹之间产生较大的摩擦力，以防止螺母自动松脱，如图 6-13（b）所示。

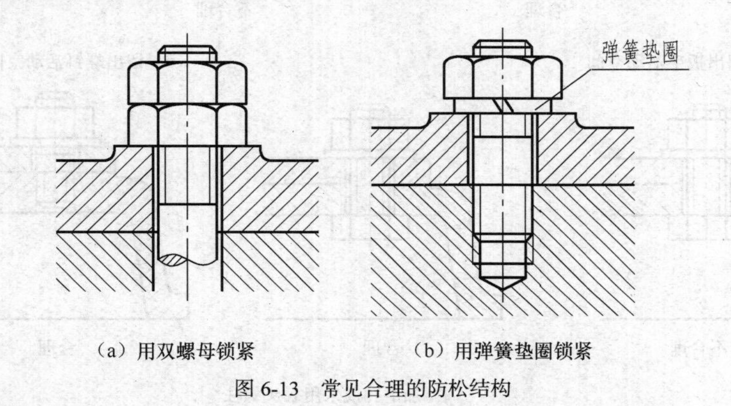

（a）用双螺母锁紧　　（b）用弹簧垫圈锁紧

图 6-13　常见合理的防松结构

3. 有利装拆的合理结构

（1）如图 6-14 所示，对于采用销钉连接的结构，为了装拆方便，尽可能将销孔加工成通孔。

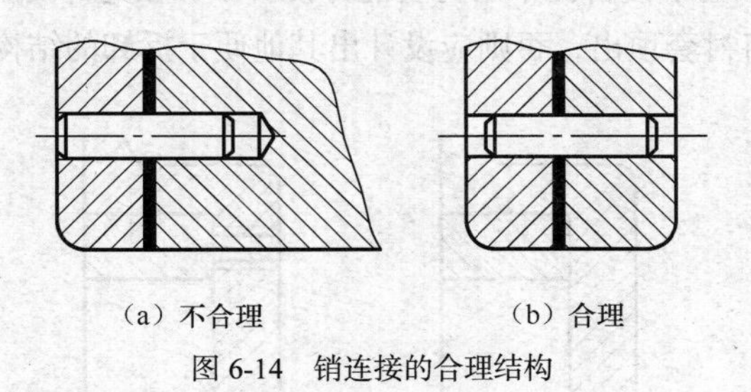

（a）不合理　　（b）合理

图 6-14　销连接的合理结构

（2）如图 6-15 所示，滚动轴承在用轴肩或孔肩定位时，轴肩或孔肩的径向尺寸应小于轴承内圈或外圈的径向厚度尺寸，便于维修时拆卸的方便与可能。

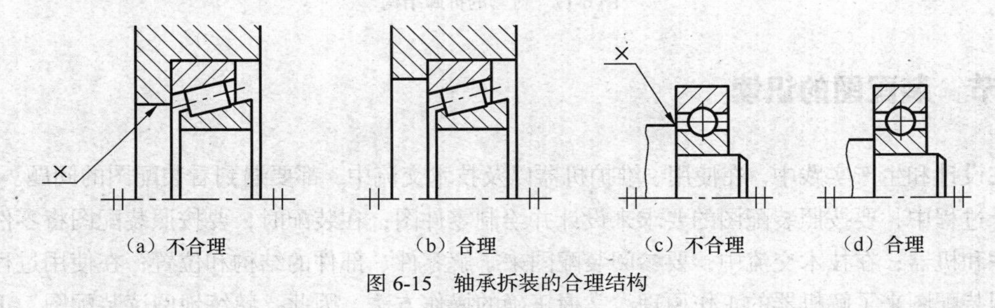

（a）不合理　　（b）合理　　（c）不合理　　（d）合理

图 6-15　轴承拆装的合理结构

（3）如图 6-16 所示，当用螺纹连接件连接零件时，应考虑到拆装的可能性及拆装时的操作空间。

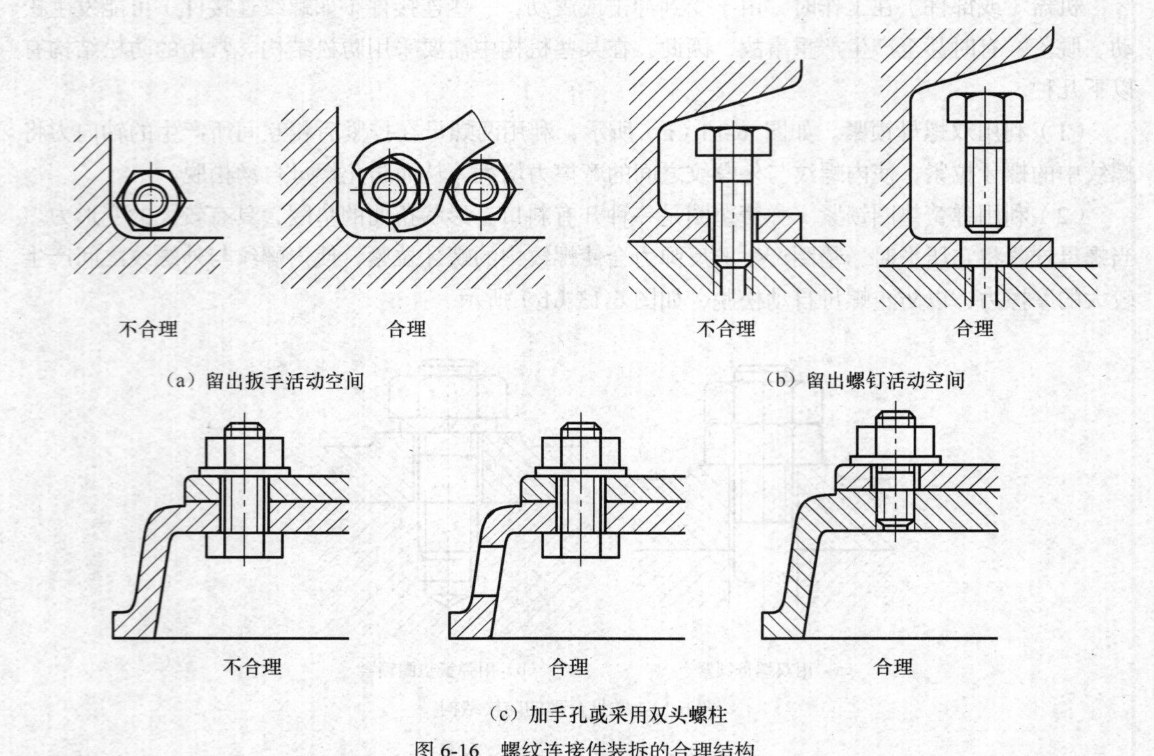

图 6-16　螺纹连接件装拆的合理结构

（4）如图 6-17 所示。为了使盲孔中的衬套能方便拆下，在允许的情况下，箱体上应加工几个工艺螺孔，以便用螺钉将衬套顶出；否则应设计出其他便于拆卸的结构。

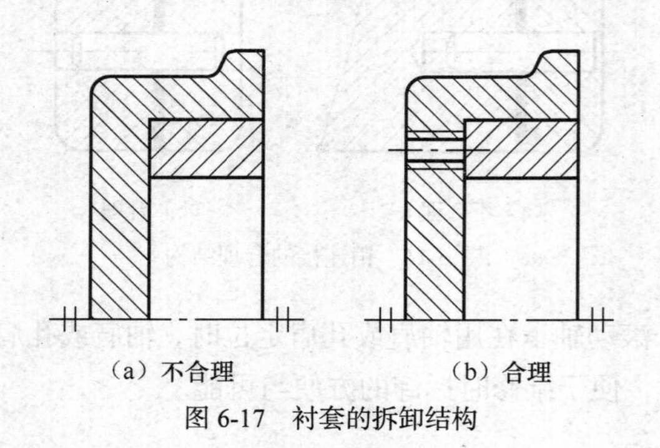

图 6-17　衬套的拆卸结构

第二节　装配图的识读

在设计和生产实践中，在使用、维护机器以及技术交流中，都要遇到看装配图的问题。例如，在设计过程中，要按照装配图的要求来设计并绘制零件图；在装配时，要按照装配图将零件组装成部件和机器；在技术交流中，要参阅装配图来了解零件、部件的结构和位置；在使用过程中，要参阅装配图来了解机器的工作原理，掌握正确的操作方法。因此，熟练地阅读装配图，正确地由装配图拆画零件图是每个工程技术人员必须具备的基本技能之一。

一、识读装配图的基本要求

识读装配图的基本要求包括以下几点。

（1）了解机器（或部件）的名称、用途、性能及工作原理。

（2）弄清机器（或部件）的结构、各零件之间的相互位置、装配连接关系以及它们的拆卸顺序和方法。

（3）看懂各零件的作用及结构形状，想象出装配体中各零件的动作过程。

要达到上述要求，除了机械制图的知识外，还应具备一定的专业知识和生产实际经验。

二、识读装配图的方法和步骤

下面以如图 6-18 所示的球阀装配图为例说明读装配图的方法。

1. 概括了解

首先从标题栏入手，可了解机器（或部件）的名称和绘图比例。从名称结合生产实践知识和产品说明书及其他有关资料，往往可以知道机器（或部件）的大致作用、性能。例如：阀，一般是用来控制流量起开关作用的；虎钳，一般是用来夹持工件的；减速器是在传动系统中起减速作用的；各种泵则是在气压、液压或润滑系统中产生一定的压力和流量的装置。

再从明细栏了解组成该机器（或部件）的各个零件的名称、数量及类型，并在视图中找出相应的零件所在的位置。

另外，浏览所有视图、尺寸和技术要求，初步了解该机器（或部件）的表达方法及各视图间的大致对应关系，以便为进一步看图打下基础。

例如，看图 6-18，可从图中的标题栏知道这是球阀，根据从图形了解的大致结构，结合平时的生活经验，可知：它是阀的一种，是安装在管道系统中的一个部件，用于开启和关闭管路，并能调节管路中流体的流量。看明细栏又可知：它是由 1 阀体、2 阀盖、3 密封圈、4 阀芯、5 调整垫片、6 双头螺柱、7 螺母、8 填料垫、9 中填料、10 上填料、11 填料压紧套、12 阀杆、13 扳手等零件装配起来的，其中标准件 2 种，非标准件 11 种。

2. 分析视图

通过对装配图中各视图表达内容、表达方法的分析，了解各视图的表达重点和各视图的关系。

如图 6-18 所示，球阀装配图中共有 3 个视图。

主视图采用全剖视图，表达了主要装配干线的装配关系，即阀体、球芯和阀盖等组成的水平装配轴线和扳手、阀杆、球芯等组成的铅垂装配轴线上各零件间的装配关系，同时也表达了部件的外形及主要结构。

左视图为 *A—A* 半剖视图，表达了阀盖与阀体连接时 4 个双头螺柱的分布情况，并补充了阀杆与球芯的装配关系。因扳手在主、俯视图中已表达清楚，图中采用了拆卸画法，从而显示出阀杆顶端的一条凹槽；这条凹槽与球芯上 $\phi 20$ 通孔的方向一致，因而可根据它看出扳手在任意位置时球芯上通孔的方向。

俯视图主要表达球阀的外形，并采用局部剖视图来说明扳手与阀杆的连接关系及扳手与阀体上定位凸块的关系。扳手零件的运动有一定的范围，图中画出了它的一个极限位置，另一个极限位置用双点画线画出。

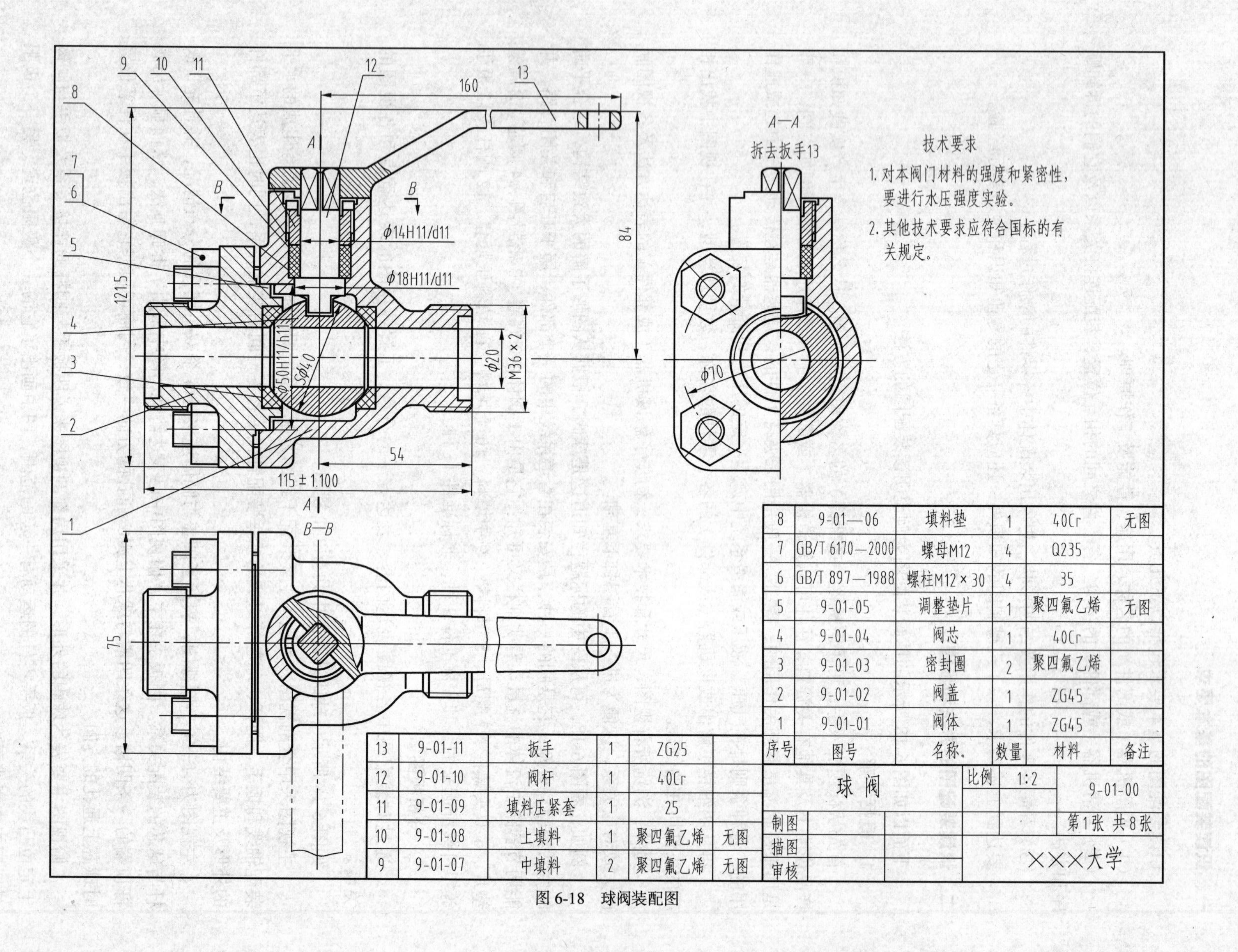
A—A
拆去扳手13
技术要求
1. 对本阀门材料的强度和紧密性，要进行水压强度实验。
2. 其他技术要求应符合国标的有关规定。
B—B
160
84
121.5
54
115 ± 1.100
75
φ14H11/d11
φ18H11/d11
φ50H11/h11
Sφ40
φ20
M36 × 2
φ70
8 9-01—06 填料垫 1 40Cr 无图
7 GB/T 6170—2000 螺母M12 4 Q235
6 GB/T 897—1988 螺柱M12 × 30 4 35
5 9-01-05 调整垫片 1 聚四氟乙烯 无图
4 9-01-04 阀芯 1 40Cr
3 9-01-03 密封圈 2 聚四氟乙烯
2 9-01-02 阀盖 1 ZG45
1 9-01-01 阀体 1 ZG45
序号 图号 名称. 数量 材料 备注
13 9-01-11 扳手 1 ZG25
12 9-01-10 阀杆 1 40Cr
11 9-01-09 填料压紧套 1 25
10 9-01-08 上填料 1 聚四氟乙烯 无图
9 9-01-07 中填料 2 聚四氟乙烯 无图
球阀
比例 1:2
9-01-00
第1张 共8张
制图
描图
审核
×××大学

图 6-18　球阀装配图

3．分析传动路线和工作原理

一般可从图样上直接分析，当部件比较复杂时，需参考说明书。分析时，应从机器（或部件）的传动入手：如图 6-18 所示，动力从扳手传入，通过扳手和阀杆的方孔、方头连接带动阀杆转动，阀杆再通过扁头与球芯上的槽连接，从而带动球芯转动，实现阀的开与关。

球阀的工作原理是：当球阀处于如图 6-18 所示的位置时，阀门为全开状态，管道畅通，管路内流体的流量最大；当扳手 13 按顺时针方向旋转时，阀门逐渐关闭，流量逐渐减少，旋转到 90° 时（见图 6-18 中双点画线所示的位置），球芯上的通孔被全部挡住，阀门全部关闭，管道断流。球阀的轴侧图如图 6-19 所示。

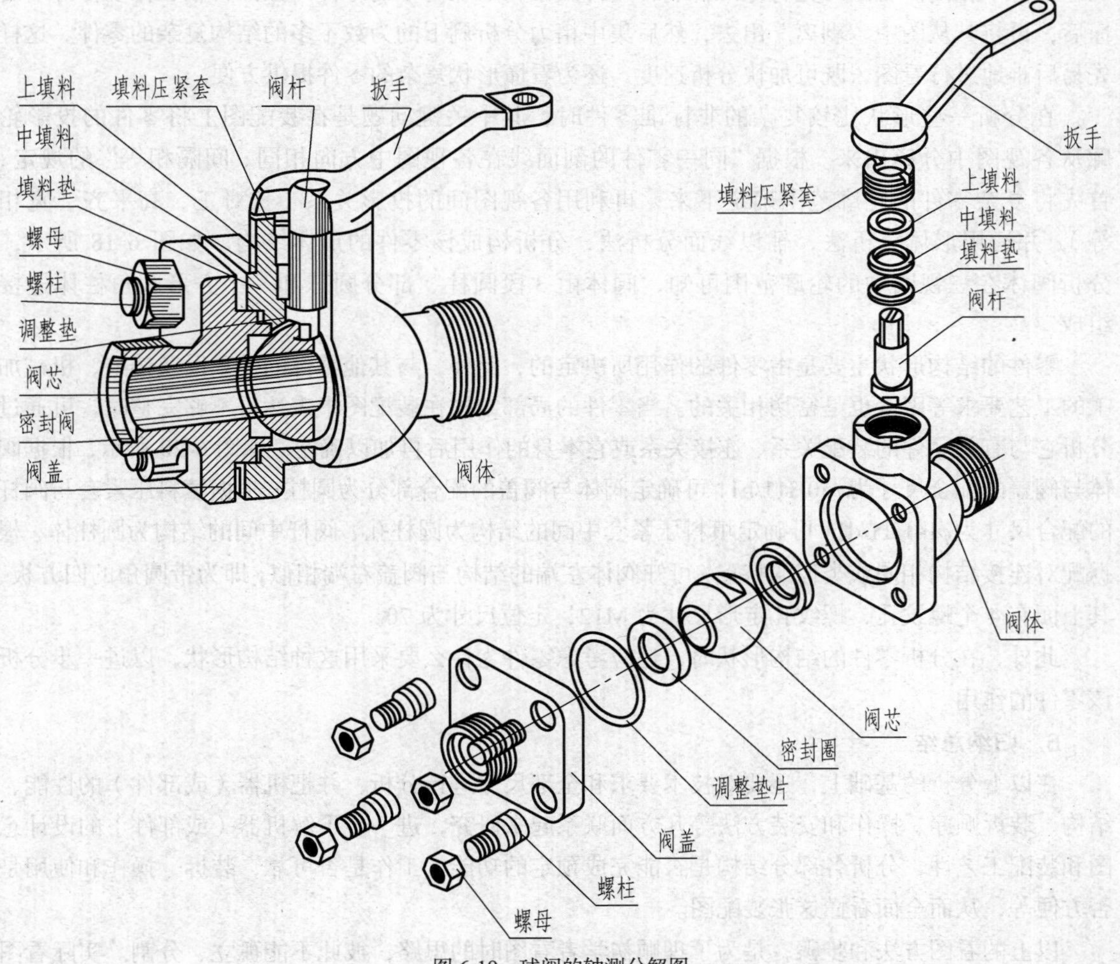

图 6-19 球阀的轴测分解图

4．分析装配关系

要分析零件的装配关系，通常可以从反映装配轴线的那个视图入手。分析清楚零件之间的配合关系、连接方式和接触情况，能够进一步了解为保证实现机器（或部件）的功能所采取的相应措施，以便更加深入地了解机器（或部件）。

例如，在主视图中，通过阀杆这条装配轴线可以看出：扳手与阀杆是通过四方头相配合的；填料压紧套与阀体是通过 M24×1.5 的螺纹来连接的；填料压紧套与阀杆是通过 ϕ14H11/d11 相配合的；填料与阀杆是通过圆柱面相接触的。阀杆下部的圆柱上，铣出了两个平面，头部呈圆弧形，以便嵌入球芯顶端的槽内。从另一条装配轴线可以看出：阀体与阀盖通过ϕ50H11/d11 相配合，把阀芯用密封圈固定在中间，阀体与阀盖利用 4 条 M12 的螺柱相连接。

5. 分析零件的主要结构形状和作用

前面的分析是综合性的，为深入了解机器（或部件），根据机器（或部件）的工作原理，了解每个零件的作用，进而分析出它们的结构形状是很重要的一步。

分析时，应先看简单件，后看复杂件。一台机器（或部件）由标准件、常用件和一般零件组成。标准件和常用件的结构简单、作用单一，一般容易看懂，但一般零件有简有繁，它们的作用和地位各不相同。看图时先将标准件、常用件及结构形状简单的零件（如回转轴、传动件等）看懂后，再将其从图中“剥离”出去，然后集中精力分析剩下的为数不多的结构复杂的零件。这样先易后难地进行看图，既可加快分析速度，还为看懂形状复杂的零件提供方便。

在分析一些形状比较复杂的非标准零件时，其中关键问题是在装配图上将零件的投影轮廓从各视图中分离出来。根据“同一零件的剖面线在各视图中方向相同、间隔相等”的规定，首先将复杂零件的轮廓范围确定下来；再利用各视图间的投影关系（长对正、高平齐、宽相等），并运用形体分析法，辅以线面分析法，分析构成该零件的形体结构。如图 6-18 所示，分析阀体在三视图中的轮廓范围可知，阀体由 3 段圆柱、部分圆球和一个方形圆角柱体连接组成。

零件的结构形状主要是由零件的作用所决定的，此外，与其他零件的关系以及铸造、机械加工的工艺要求等因素也是密切相关的。当零件的局部结构在装配图中表达得不够完整时，可通过分析它与有关零件的装配关系、连接关系或它本身的作用后再加以确定。如图 6-20 所示，根据阀体与阀盖的配合尺寸为ϕ50H11/h11 可确定阀体与阀盖的配合部分为圆柱；根据填料压紧套与阀杆的配合尺寸为ϕ14H11/d11 可确定填料压紧套中间的结构为圆柱孔、阀杆中间的结构为圆柱体；根据配对连接结构相同或类似的特点，可知阀体左端的结构与阀盖右端相似，即为带圆角的四方板，其上面有 4 个螺纹孔，螺纹孔定形尺寸为 M12，定位尺寸为 70。

此外，在分析零件的结构形状时，还应考虑零件为什么要采用这种结构形状，以进一步分析该零件的作用。

6. 归纳总结

在以上分析的基础上，还要对技术要求和全部尺寸进行分析，并把机器（或部件）的性能、结构、装拆顺序、操作和安装方法等几方面联系起来研究，进一步了解机器（或部件）的设计意图和装配工艺性，分析各部分结构是否能完成预定的功能，工作是否可靠，装拆、操作和使用是否方便等，从而全面看懂这张装配图。

以上的看图方法和步骤，是为了理顺初学者看图时的思路，彼此不能孤立、分割。实际看图时还应根据装配图的具体情况而加以灵活选用。

三、由装配图拆画零件图

在设计过程中，要求先画出机器的装配图，然后根据装配图再来画零件图。由装配图拆画零件图，简称“拆图”。拆图过程，实际上也是继续设计零件的过程。它是设计工作中的一个重要环节。同时，在识读装配图的教学过程中，常要求拆画其中某个零件图以检查是否真正读懂装配图，因此，拆画零件图应该在读懂装配图的基础上进行。

1. 由装配图拆画零件图的步骤

（1）读懂装配图，了解部件的工作原理、装配关系和零件的结构形状。

（2）根据零件的结构形状，确定视图表达方案。

（3）画出零件工作图。

2. 拆图应注意的问题

（1）在装配图中允许省略不画的零件工艺结构，如倒角、倒圆、退刀槽、越程槽等，但在零件图中应全部画出。

（2）零件的视图表达方案要根据零件的结构形状确定，不能盲目照搬在装配图中该零件的表达方案。

（3）凡在装配图中已给出的尺寸，在零件图中可以直接注出。如果是配合尺寸，还需查表注出极限偏差数值。

（4）根据零件各表面的作用和要求，要在各图纸中标注出表面结构要求。

如图 6-20 所示是根据球阀装配图拆画出的阀芯零件图。

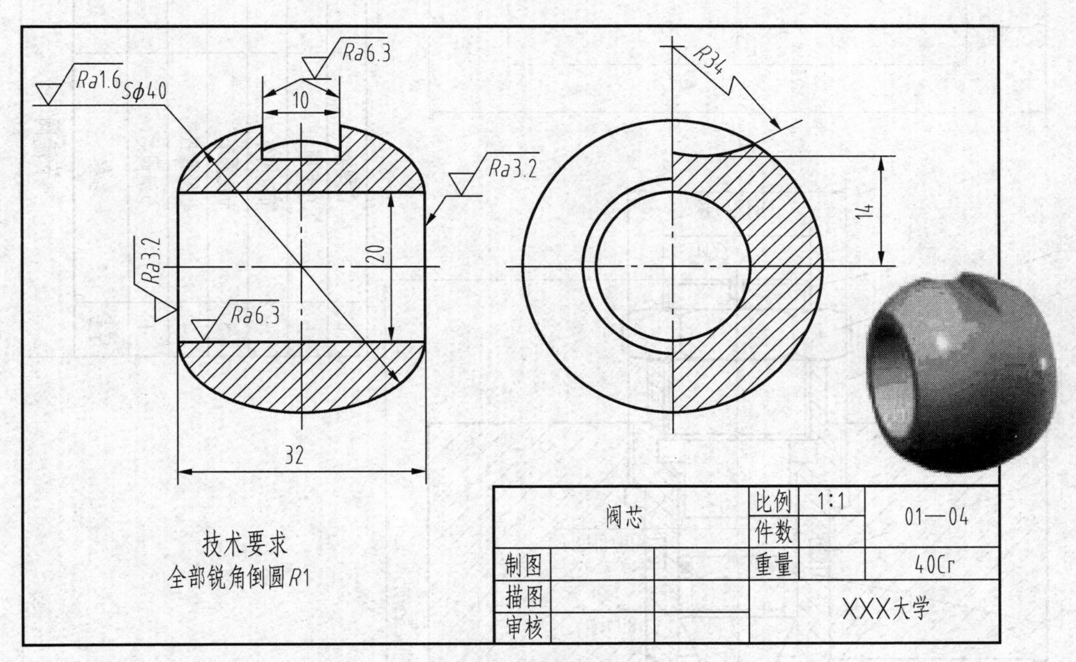

图 6-20 球阀零件图

3. 拆画零件图实例

下面通过实例来进一步说明拆图的方法和步骤。

节流阀的拆图（节流阀装配图如图 6-21 所示）。

（1）看懂节流阀装配图。

① 了解节流阀组成。通过看装配图的标题栏和明细栏，可知节流阀由 1 节流阀芯、2 锁紧螺母、3 节流阀套、4 节流阀体、5O 型圈、6O 型圈组成，其中标准件 2 种，非标准件 4 种。

② 节流阀视图分析。节流阀装配图采用了 2 个基本视图。主视图全剖视图，表达节流阀的结构形状和装配路线，左视图表达节流阀的形状和与其他部件的连接结构。

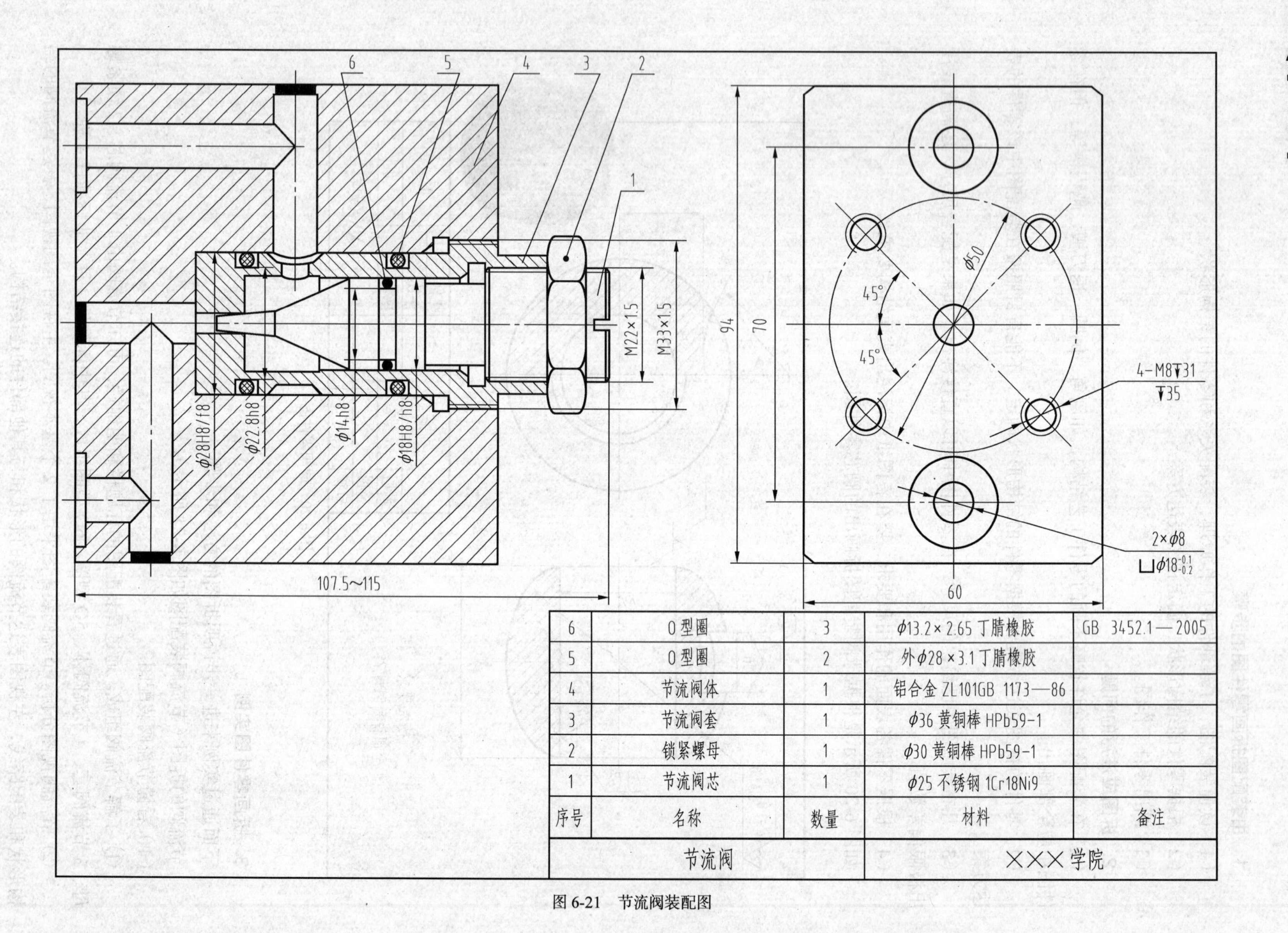
6
5
4
3
2
1
φ28H8/f8
φ22.8h8
φ14h8
φ18H8/h8
M22×1.5
M33×1.5
107.5~115
94
70
60
φ50
45°
45°
4-M8↧31
↧35
2×φ8
⌴φ18$^{-0.1}_{-0.2}$
6 O型圈 3 φ13.2×2.65 丁腈橡胶 GB 3452.1—2005
5 O型圈 2 外φ28×3.1 丁腈橡胶
4 节流阀体 1 铝合金 ZL101GB 1173—86
3 节流阀套 1 φ36 黄铜棒 HPb59-1
2 锁紧螺母 1 φ30 黄铜棒 HPb59-1
1 节流阀芯 1 φ25 不锈钢 1Cr18Ni9
序号 名称 数量 材料 备注
节流阀
×××学院

图 6-21　节流阀装配图

③ 节流阀的工作原理。分析装配图的视图可知：当 1 节流阀芯顺时针方向旋紧时，节流阀芯左端圆锥伸入并塞紧 3 节流阀套左端小孔，关闭节流阀体上、下通气孔之间的连接通道；当节流阀芯逆时针方向旋出时，节流阀芯左端圆锥慢慢脱离节流阀套左端小孔，气路连接通道打开，随着节流阀芯的右旋，气体流量逐渐增大，直至最大。

（2）拆画零件图。通过对节流阀装配图的分析，可知节流阀共由 6 种零件组成，现根据装配图拆画出件号 4 节流阀体零件图。

① 确定零件的表达方案。根据零件序号 4 和剖面符号，同时利用投影关系，在装配图两个视图中找出节流阀体的投影，确定节流阀体投影的整个轮廓。根据零件图主视图的选择原则，节流阀体的主视图不用重新选择，将装配图的主视图投影方向确定为零件图的主视图投影方向，如图 6-21 所示。

按表达完整清晰的要求，除主视图外，还选择了左视图、局部放大图。主视图采用了全剖视画法。

② 尺寸标注。

a. 装配图上已给出的尺寸，根据要求按原样照抄。如图 6-21 中的配合尺寸 ϕ28H8、M33 × 1.5，安装尺寸 4 × M8、ϕ50、2 × ϕ8、70，总体尺寸 94、60 等。尺寸偏差可查表后注写。

b. 装配图上未注的一般尺寸可按比例直接从装配图上量取。

c. 螺纹退刀槽尺寸，根据螺纹公称直径，查表取标准值。

③ 表面粗糙度。节流阀体各加工表面的表面粗糙度等级，根据各个表面的作用、配合关系，类比同类产品从有关表面粗糙度的资料中选取。

④ 其他技术要求。根据节流阀的工作要求，结合节流阀体的作用，类比同类产品注出相应的形位公差及其他技术要求。

图 6-22 给出了节流阀体的零件图和节流阀其他零件的零件图。

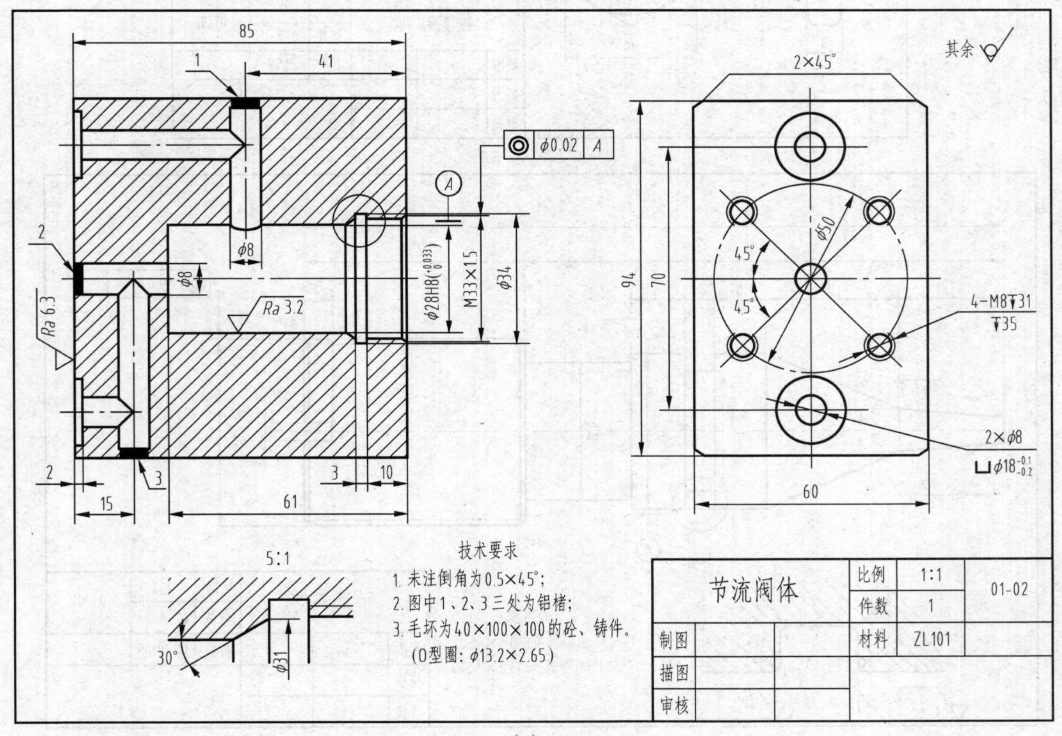

(a)

图 6-22 节流阀零件的工作图

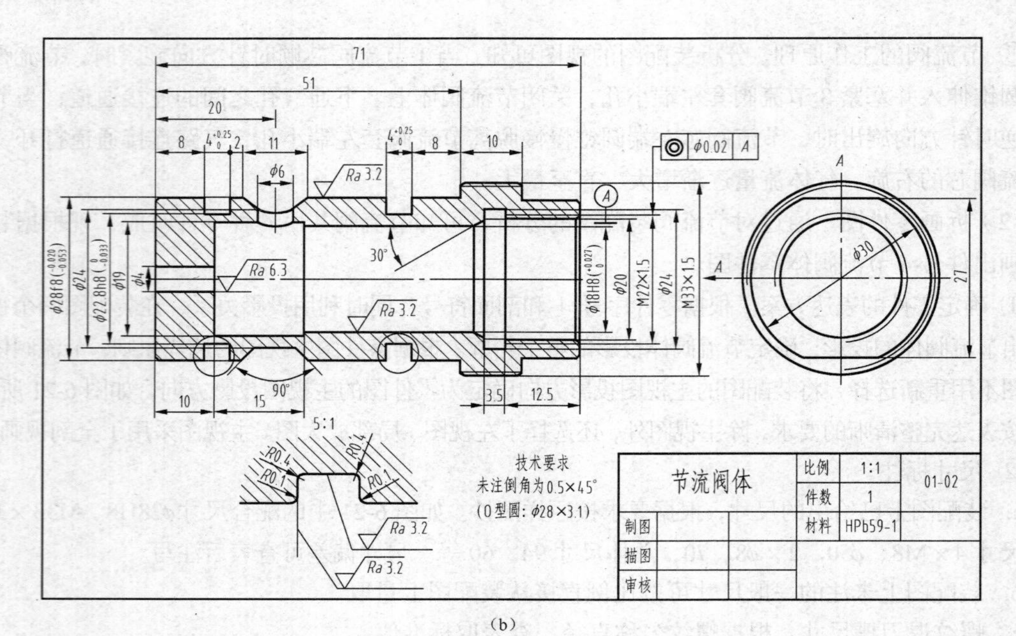

(b)

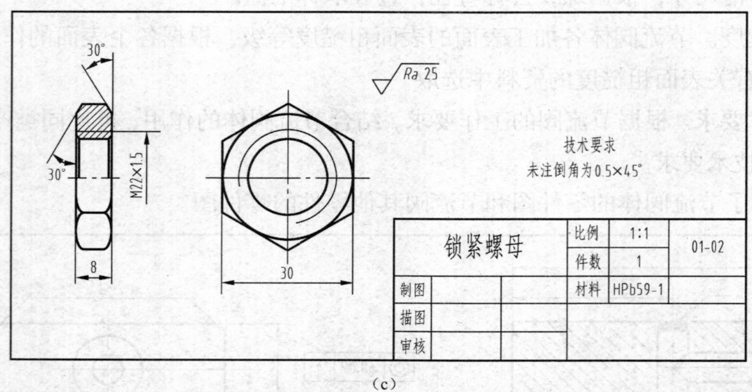

(c)

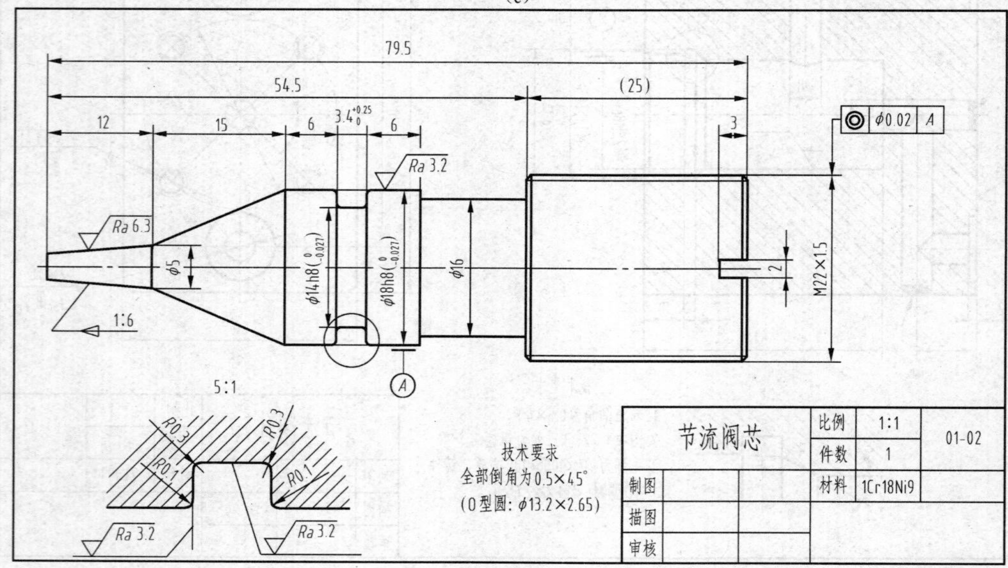

(d)

图 6-22　节流阀零件的工作图（续）

随堂训练

读手压阀装配图并回答问题。

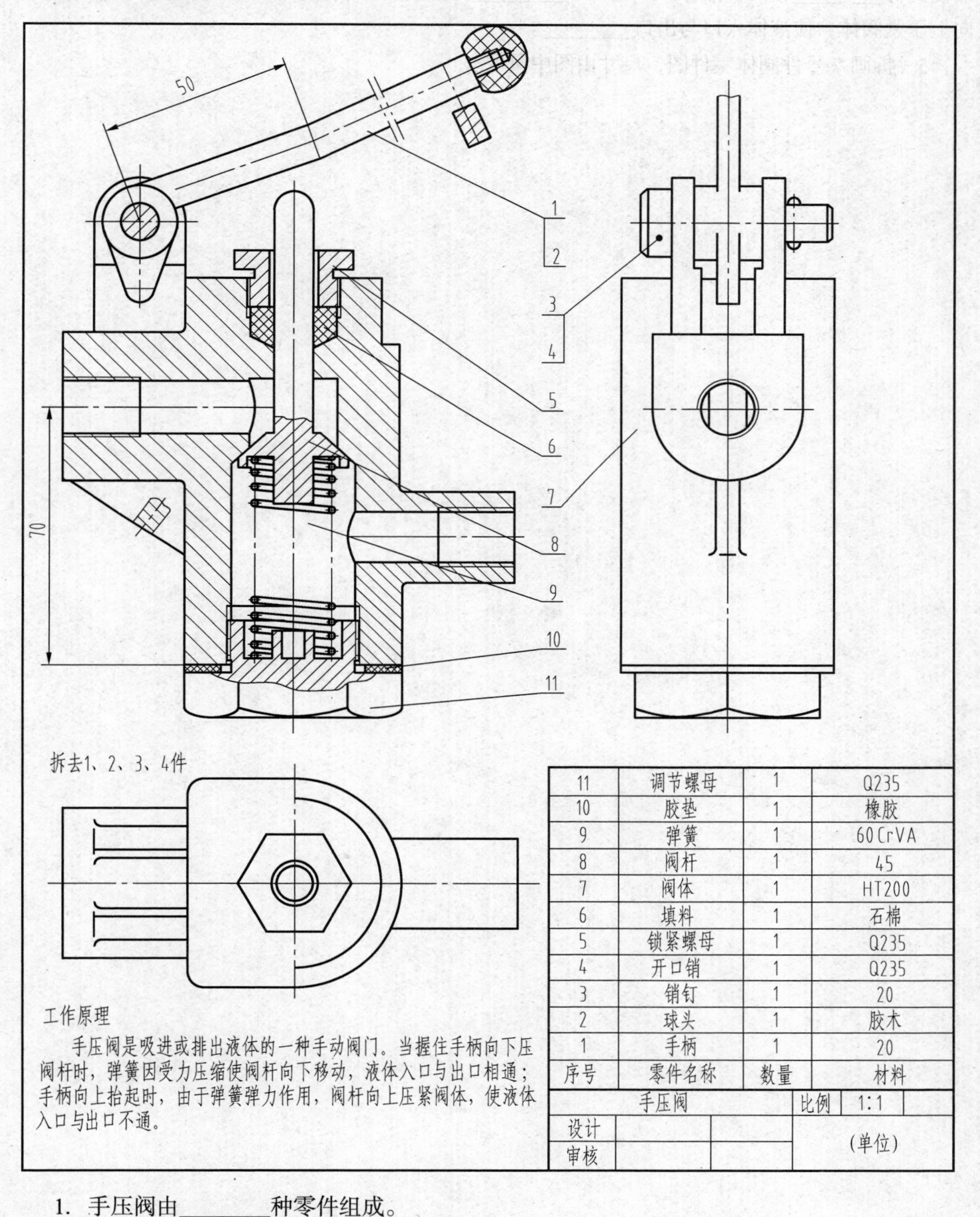

序号	零件名称	数量	材料
11	调节螺母	1	Q235
10	胶垫	1	橡胶
9	弹簧	1	60CrVA
8	阀杆	1	45
7	阀体	1	HT200
6	填料	1	石棉
5	锁紧螺母	1	Q235
4	开口销	1	Q235
3	销钉	1	20
2	球头	1	胶木
1	手柄	1	20

手压阀		比例	1:1
设计		(单位)	
审核			

1. 手压阀由________种零件组成。

2. 手压阀装配图的表达方法是：共采用了________个视图表达，其中有________个基本视图，一个移出________图。主视图采用了________剖视。

3. 俯视图“拆去 1、2、3、4 件”的表达方法是装配图中________画法的表达方法。

4. 手压阀是吸进或排出液体的一种________阀门。当握住手柄向下压阀杆时，弹簧因受力压缩使阀杆________移动，液体入口与出口________；手柄向上抬起时，由于弹簧弹力作用，阀杆向上压紧阀体，使液体入口与出口________。

5. 拆画 7 号件阀体零件图，尺寸由图中量取。